光 明 城

LUMINOCITY

看见我们的未来

〔西班牙〕伊纳吉·阿巴罗斯　著

苏畅　译

美好生活
The Good Life

现代住宅导览
A Guided Visit to the Houses of Modernity

同济大学出版社　中国·上海

TONGJI UNIVERSITY PRESS

目录

中文版序

当我受邀为《美好生活》中文版写一段简短介绍时，我考虑到这次出版并没有对原书内容作任何改动，因而决定借这篇前言着重阐释我在本书成书二十年后的今天对书中内容的理解。我将主要介绍当初写作的个人动机而非大众意义，对此我理应先致歉意。

对我来说，《美好生活》一书不仅是一段愉快的写作历程，也是一次作为建筑师的必要转折。当时的我像许多同时从事思想与专业双重实践的年轻人一样，迫切希望把自己对思想史的兴趣与建筑专业结合起来。在这之前，建筑专业实践本身要求的强度使我未能意识到自己对思想论述的兴趣。至少在当时的我看来，我们可以通过将这两个领域结合来对当时建筑学盛行的一些陈词滥调展开间接批判。

思想史和社会政治的行为史常被作为两个互不相交的世界来理解和研究。然而在现实中，社会实践背后往往蕴含着思想，而思想亦必然受到社会与个人行为的影响。建筑这一行为其实代表了个体与其主体性的建造之间的一种紧密关系；而城市正是这种互动关系在时间上的反映。福柯具体表述的所谓"自我技术"（technologies of the self）与城市的物质文化正是我们生活的基础；我们的主观意识与物质组织在一定程度上是相辅相成的。

本书希望通过对几幢住宅的导览，使读者们在探索上述关系的过程中不致案牍劳形：这一方法使我们得以把研究领域简化为大众（而不仅是建筑师）所熟知的对象——住宅，这也正是18世纪后期以来建筑师们自由、精确地探索建筑理念的试验田。

因此，这本书及其结构使我得以把研究重点从传统建筑理论形式及其对普适性的潜在追求，转移到其设计技法（design techniques）上——我们亦可称之为"题中之题"（project of the project）。我一直讶异于当代建筑讨论对这一基本步骤的忽略；与作家、音乐家和艺术家在交流形式中对"如何做"的重点关注相比，这种忽略尤其明显。

飞逝的时光使我们如今得以保持一定的距离重新反思本书。在我看来，本书潜在主旨在于考察我们在开展课题时的习惯与提出的问题，从而要求我们思考如何更加准确、直接地实现我们的目标。换句话说，这趟旅程的目的在于避免重蹈覆辙。书中包含了主体性技法（techniques of subjectivity）与设计技法（techniques of design）之间的方程式：前者往往蕴含在住宅的物质性之中，而住

宅作为居住的机器这一观点将受到质疑；后者作为一个资源库将
促成客体的构成。

我由衷感谢GG出版社的莫妮卡·吉莉对本书西班牙文、葡萄牙
文、意大利文和英文版出版和推广的热情支持。此外，我还要感
谢负责本书英文再版的Park Books出版社的托马斯·克莱默，以及
同济大学出版社"光明城"的秦蕾与杨碧琼编辑。最后，我要感谢
本书译者苏畅当初提议出版本书的中文版并耐心完成了全书的中
文翻译。

衷心希望本书能够为它的新读者们带来乐趣，并以其谦逊的方式
帮助读者们建筑更美好的生活。

伊纳吉·阿巴罗斯

前言

《美好生活》旨在研究当代各种生活方式、思想潮流与住宅形式中蕴含的规划和生活之间的关系。本书的七个章节将引领读者探访七幢20世纪的优秀住宅。我们希望通过这趟旅程揭示：当下许多建筑师们思考与规划居住空间最普遍的形式，不过是众多思潮中的一种——即实证主义下住宅原型的物化；换句话说，当今掌握话语权的所谓权威们已然过时。因此，本书试图揭示住宅设计中其他不同的思想方式及其相关的设计策略。这些策略产生的居住空间往往与那些被所谓专家们推崇的住宅大相径庭。

需要指出的是，本书并不是一本住宅建筑手册；其目的也不在于罗列明确的操作指引。本书没有任何直接的实用目标：它旨在提醒读者并帮助他们更好地理解不同思想方法、世界观、生活方式与设计策略之间的联系。要知道这种理解并非无关紧要，它决定了我们作品中的批判力。

本书采用的方法是引导读者探访一系列或真实或虚构的住宅，从而向读者们展现一幅由20世纪建筑遗产描绘的全景。每个章节将聚焦一种理想住宅、当中的私密维度及其承载的当代思想。这些探访虽然简短，但拥有足够视野与想象力的读者可以由此管中窥豹，领略其中的精妙思想。就像现实中类似的旅行那样，我们热情欢迎那些没有进行过建筑训练但充满兴趣与好奇心的读者们加入。本书的最终目标是展示过去一个世纪里，人们对住宅这一花费许多建筑师大量时间与精力的建筑类型的探索。我们将尽可能使用非专业的语言，并且尽量以文化领域而非建筑专业作为参照。对那些饶有兴趣的读者与专业建筑师而言，本书不会对具体的设计技巧做过多的讨论，而是把重点放在生活方式以及私人与公共空间的规划方式上：这是一次关于美好生活与当代居住文化的研究。

诚然，对于建筑师和建筑学生来说，探访私人住宅这一寻常的活动在本书中亦被赋予特殊的意义。建筑师在探访的过程中需要放下他被事务所和学校灌输的成见，并在住宅当中把自己想象成当中的居住者。通过居住者的视角，他可以比任何时候更接近住宅的本质：建筑师将逐渐在住宅的实际体验、当中的居住秩序与生活场景中摆脱其专业知识的桎梏。

这正是这次写作希望激发的思想态度，即只有在去专业化的视野中，我们才能学会用自己的双眼观察，学会辨别自己真正希望看到的世界。

要实现这一点，我们必须采取一些精炼、简化的方法，即通过最强烈的住宅特征提炼出一系列的建筑原型。这些建筑就像是人物漫画那样通过强调某些特征以与现实区别开来；这正是人脸与漫画之间的区别。也就是说，所谓的"存在主义住宅"或"现象学住宅"并不存在，真正存在的是一种更为复杂而微妙的现实，而这正是物质的力量和生命所在。与此同时，严格意义上的实用主义手法也不存在。所有的这些夸张的说法甚至会导致谬论的产生。在一定程度上，我们将要到访的这些建筑原型都是通过对参照物的整合而构成的想象住宅。虽然我们不可避免地需要引入一些建成作品以保持思维的连贯性，但这些建成作品也应被看作整幅拼贴画的一个组成部分，而不是一些独立的例子。为此我们必须提醒读者们，接下来的阅读中将不会出现任何所谓的现代主义建筑大师的作品：无论萨伏伊别墅、流水别墅还是图根哈特住宅都不具备原型的特质，亦无法起到分析学习的作用。如果我们希望以严谨的态度分析它们，我们必须肯定它们当中的复杂性。这种复杂性无疑与本书的动机和目标背道而驰了。

我们还要敬告读者，这些不同的建筑原型在书中的顺序没有任何学术逻辑，其排列亦不遵照任何时间顺序或尺度的大小。它们的顺序衍生并形成于作者的想象之中：每一章节都与前文形成递进，以此形成一种真实而主观的秩序（就像本书写作的文风一样）。因此，本书把实证主义住宅这一与其他现代主义住宅对立的作品放到了第三章，虽然逻辑上我们理应从它开始我们的论述。这种做法把实证主义住宅视作一众住宅中的一员，亦加强了本书一开始假设的论点。此外，本书试图保持一定的论证形式并遵循这些想象住宅本身构造的顺序。至于为什么只选择了七幢住宅而不把20

世纪的其他思想囊括进来：只能说，我认为这是一个恰当的数字，正好呼应着前文所述的对整体构造的关注，但我也希望其他人认为有趣的思想亦能最终发扬光大。

书中所提炼出来的分类，其应用并不仅限于居住环境。这些住宅原型亦在探讨公共和私人空间之间的关系以及随之而来的城市问题——这些也是本书试图探讨的话题。尽管篇幅有限，我们仍希望通过这些讨论为读者提供更多想象的空间。本书以相对轻快的形式展开论述，因为我坚信最好的建筑书籍可以让读者以未可预料的方式进行理解并展开想象。

最后，本书着重回应了最近在欧洲涌现的许多关于集体住宅建筑的讨论。这些项目往往以社会理想为基础，并试图通过现代主义的平面研究方法，打破意识形态的枷锁。《美好生活》一书正希望推倒意识形态牢狱的高墙，从而获得与我们所处时代及其理想与冲突紧密相关的视野。作者希望把眼光放诸其他学科领域，并借助想象力与经验获得更多相关的、确切的智慧。伟大的西班牙建筑师亚历杭德罗·德·拉·索塔临终前曾对我们提出明确的建议："若要享受建筑，就要与想象力同行，为幻想添翼。"

本书是一次幻想旅程的邀请，其中可能出现的错误和缺陷都应归因于作者本身的不足。我们不仅应在这次旅程中领略百花齐放的20世纪住宅，更应栖居其中以感受愉悦的体验，从而构想出尚未出现的住宅！

1

查拉图斯特拉之宅

没有任何一幢现代主义住宅能像密斯·凡·德·罗在他四十五岁后八年间设计的那组庭院住宅（1931—1938）那样获得建筑师们的一致赞誉。然而在其盛名之外，我们至今对密斯设计过程中的意图与意义仍缺乏连贯的认识。除了因为密斯本人甚少谈论这一设计外，项目场地本身的不确定性以及设计中弥漫的地中海特色与历史主义风格，也为我们尝试评论平添了困难。因此，这组建筑作为一种住宅类型本身的美感一直难以展现，其与巴塞罗那馆以及其他现代主义庭院住宅在空间和结构原则上的明确关系亦一直被埋没。

这一认识上的真空启发我们应从密斯精心绘制的图纸文档开启旅

程——其中一幅隐约绘有都市环境的庭院住宅图纸一直被悬挂在密斯工作室的墙上，始终陪伴着他。我们将尝试通过重新阅读这些图纸，想象在这些空间中的居住体验，以研究密斯对空间布置的考量并体会当中的巧思妙想。密斯当时在作何思考？为什么他在没有客户的情况下开展如此深入的研究？在密斯1934年设计三庭院住宅（House with Three Patios）的执着探索背后，他的动机与目的到底是什么？

我们知道，密斯在这期间的公共生活与私人生活都纷杂异常。他在1921年对自己家庭的莫名放弃，让我们看出他当时在私人生活方面的迷茫，再加上彼时兴起的国家社会主义，更让他对自己的职业生涯也产生了莫大的困惑。当时，密斯作为设计师已声名鹊起，其身边的朋友以及文化社交生活亦不断支持着他的创作（特别是他的客户阿洛伊斯·里尔，不仅撰写了第一本关于尼采的书《弗里德里希·尼采：艺术家与思想家》，还把密斯引见给世界艺术史学家海因里希·沃尔夫林、古典文学语言学家维尔纳·杰格等

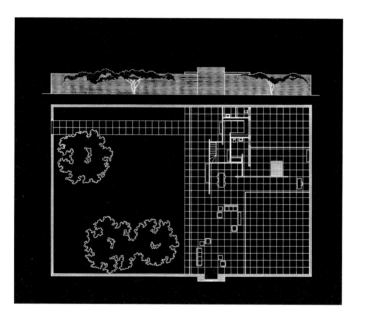

密斯的三庭院住宅，
1934 年设计（1939 年
绘制）。平面和立面图

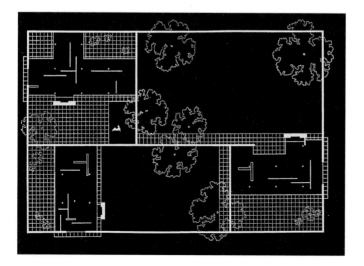

庭院住宅组团，
密斯·凡·德·罗，
1938 年。平面图。

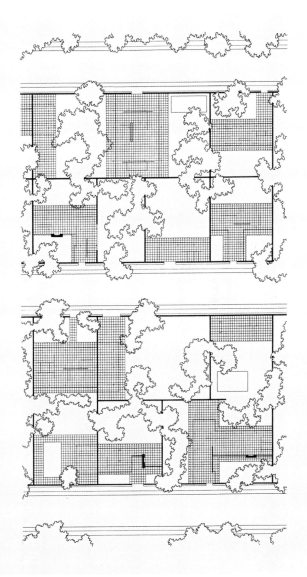

庭院住宅组团，
密斯·凡·德·罗。

知名知识分子；此外，密斯还结识了汉斯·里希特、瓦尔特·本雅明和罗马诺·瓜尔蒂尼）。在他们各自对于密斯的描述中，弗里茨·诺伊迈尔、弗朗茨·舒尔兹和弗朗切斯科·达科深入细致地描述了密斯在完善和系统化其智识训练时期的各个方面，并指出了伟大的反实证主义思想家尼采和神学家罗马诺·瓜尔蒂尼对密斯的深刻影响。"只有通过哲学，我们才能弄清面前任务的正确秩序，理解存在的意义和尊严。"密斯在1927年写下的这句话，清楚阐释了这次再学习经历对其自身的影响。他通过这一过程得以与实证主义保持距离，从而远离了笼罩整个现代主义的核心精神；这种疏远与独立不仅促成了密斯的独特成就，更使他成为一种遗世的存在。

我们不妨来深入探究密斯的研究与其现代主义同袍——如雨果·海宁、汉斯·迈耶或路德维希·希尔伯斯默等人的区别。他们在同一城市里，同时针对庭院住宅这一构想展开了各自的研究。在当时，建筑师的目标往往是展开低成本、系统化的类型学探索，从而使阳光能以适宜的角度进入建筑，并充分利用场地以适应不同家庭类型（如工人阶级和资产阶级）的需求。在这些建筑师的图纸中，一个反复出现的主旨是相同单元的重复，以便将其批量化应用。住宅由此成为类似福特 T 型轿车这一工业化典范的量产工业品。

密斯的研究则与当时的风潮大相径庭。可以肯定的是，他与当时的现代主义建筑师们的关注对象完全不同，也并不关心他们对工人家庭住宅类型的优化以及最低生活需求标准（Existenzminimum）的研究。除了一些联排住宅（1931）的初步设计以外，密斯在设计庭院住宅期间还承接了一系列与重复性无关的独立项目。事实上，我们可以在密斯一些绘有多个住宅的罕见图纸中看到不同单元的组合，以及旨在凸显这些单元个体性的拓扑操作（如不同的房屋方位、不同的场地比例、不同的进深和朝向等）与尺度把控（如场地或住宅本身面积大小的变化），这些单元住宅之间唯一的共同特征在于使其物质化的系统。

这一共通点不应被简单理解为纯粹的技术、建筑或结构特征：它无关密斯对于玻璃或平屋顶的独立运用，或是通过墙体打破封闭空间以及通过网状结构维持屋顶板的操作。密斯设计中的这一特点关注的是"系统"的个体化，即通过操作一个较小系统中的变量，实现建筑、空间和结构中完美而多样的结果。同时，系统本身永远不会被改变（在这点上，汉斯·塞德马约尔对密斯的影响是显

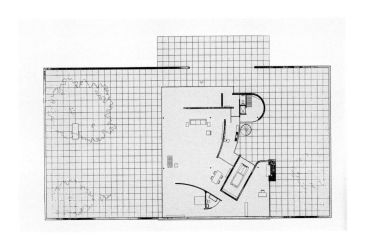

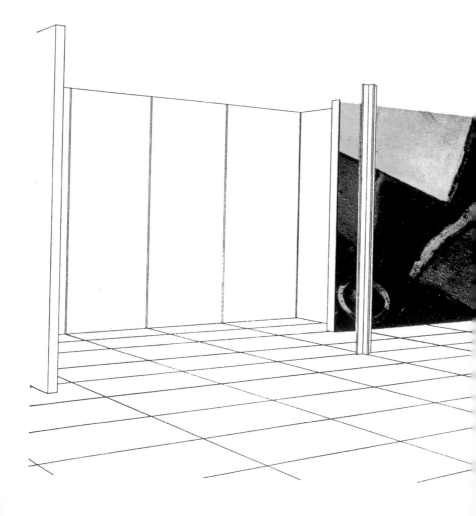

室内。与乔治·布拉克（Georges Braque）作品的
拼贴组合。三庭院住宅，密斯，1934年。

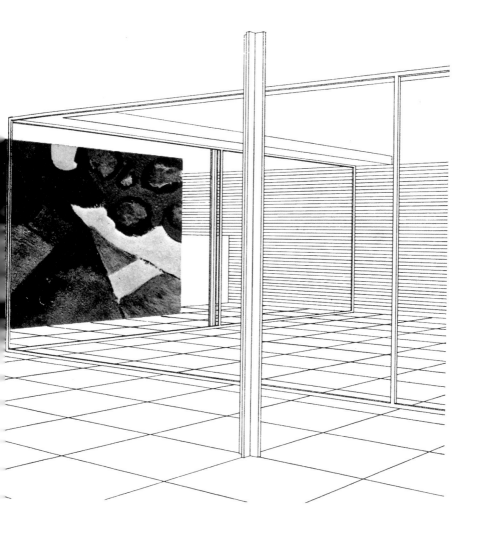

而易见的）。这批住宅最奇特的一个例子是内部结构依循汽车的行驶轨迹而呈曲线，但即便如此，系统本身依然未被改变。但这些住宅总是个性化且独特的，与当时建筑类型化量产的风潮截然不同：可以说，每个住宅的重点都在于其本身的个体性。

进一步对这批住宅的尺度加以研究，我们会发现，密斯通过它们所进行的这项研究与当时所谓最低生活需求标准有着明显区别。这些住宅的面积往往在 200 到 300 平方米之间；倘若算上那些或公共或私用的庭院，它们的占地面积可达 1000 平方米。佩雷·琼·拉维特拉在对这些公共和私人庭院的分析研究中，仔细剖析了它们与围绕天井展开空间布置的庞贝建筑的相似之处。显然，密斯的这一研究与汉斯·迈耶等功能现代主义之间有着显著差异。无论密斯的设计受庞贝建筑启发的说法是否属实，它们相似的表现至少佐证了密斯与功能现代主义之间的区别及其背后的观点差距，同时也体现了各自不同的出发点与目标——我们不禁联想到自尼采《悲剧的诞生》（1871）以来许多德国知识分子对古希腊文化的热情，如奥斯瓦尔德·斯派格勒以及 1933 年写成《派代亚》的杰格。

或许，要理解密斯这一探索的缘起、根源及其长盛不衰的影响背后的原因，我们更应关注密斯的建筑作为住宅的目标和命运而非其物理或物质特征。这些房子是为谁而建的？服务对象是谁，其中有着怎样的生活形式？私人空间蕴涵着怎样的价值观念？住宅当中的主体是谁？它与主体要逃离的公共空间有着怎样的关系？这些住宅是为何种抽象对象设计的？这些住宅设计中援引了哪些参考？

若要更好地理解这组庭院住宅，我们应考虑到，密斯在规划布置

密斯在图根哈特别墅的客厅里，
1930 年前后。
摄影：Fritz Tugendhat

密斯在芝加哥的公寓里。

过程中并没有任何特定的客户——也就是说，这组住宅只是一种抽象的练习，并没有将家庭计划作为住宅需求的一部分。这些住宅并不起到承载家庭的作用，家庭亦不再被看作一种功能需求。密斯摒弃了从家庭功能思考设计的传统角度，由此迈出了非同寻常的一步，进而实现了住宅最大程度的抽象化。他拒绝从繁琐、复杂的传统功能角度思考，亦不关注繁琐的私密细节以及相关的道德观念。密斯深知，若要了解现代生活的本质，也就是它究竟有何特别之处，他必须摒弃对住宅类型的过往记忆，即家庭作为对同质性的永恒繁殖这一沉重观念。在密斯的设计中，没有一所住宅有多于一间的卧室（准确来说，这些住宅只布置了一张睡床）。这些住宅中没有任何可被视作卧室的围合空间，而是通过片段的整合形成一种连续的环境。当中物件和家具的布置结合这些空间片段的相对独立性，形成一组不同的私密空间，从而暗示了潜在的功能分布。密斯把单身住宅这一典型类型转化为一种基于连续性和连通性的拓扑住宅，而非根据功能进行规划、离散和分割的几何策略。这一前所未有的探索带来的空间连续性成为"系统"的一部分。如果现代人只关注自己的个体性，他应如何生活呢？

为了更准确地推进我们的研究，我们应重点关注这一系列中最具体的范例，即密斯在1934年设计的三庭院住宅。虽然我们不应忽视密斯在设计三庭院住宅前后的创作，也不应忘记密斯通过对多样性的追求来抵抗物型（object-type）的均等主义，但这幢住宅无疑是密斯这一系列庭院住宅中的佳作。让我们带着初次相遇的眼光，像观察其他住宅那样来研究这幢建筑。我们会发现，密斯在前文描述的空间连续性的基础上，对不同的功能空间进行了清晰的分隔。住宅的空间布置相对功能化，尺度宽裕、睡床宽敞；这像是一对年轻夫妇的房子，也可能属于一个没有孩子的家庭。但我们明白这只是表象，因为它的设计出发点并不是传统的核心家庭——这幢住宅无关家庭，甚至无关家庭最原始的形态。

如果从整体来观察这幢住宅（包括花园的高墙和宽敞的尺度），继而想象当中的生活方式，我们会意识到它的设计对象其实只是一个人。设计中墙体的作用并不在于划分地块或作为山墙进行支撑，也不像其他庭院建筑那样，把墙作为一种通过控制光线、温度、湿度或通风等元素以营造微气候、适应场地或调节环境的机制。密斯的墙的作用在于保护隐私，使居者得以藏身其中，在道德与传统、社会与政治控制的边缘处充分展开生活，从而摆脱加尔文主义道德对现代主义者和实证主义建筑的束缚。

密斯的墙因当中的主体而存在——我们不妨假设这是一个男人：很难想象厌恶女性的密斯会设想一位女性居住在他设计的庭院住宅之中——他渴望远离尘世、孤立自我，企图远离一切道德准则以维持自身绝对的独立性。他企图通过否定道德准则的存在来肯定自身的个性，并把这幢住宅确立为自我的王国。这无疑是对尼采的"超人"（superman）观念的激进回应。他必须开始重新确立自身在世界中的位置，从而消除所有关于既定价值、犹太—基督传统和柏拉图形而上学思想的主观观念。

密斯想象中的这一主体需要实现隔离，从而在物质上自我重组、远离他者。他必须有遗世独立的能力，通过革新式的时间观念和持续而强烈的当下体验，获取新的本能和视野，来维持这种独特的自我—世界之关系。

我们不妨思考一下这个人物形象背后反映的密斯思想的来源——他对尼采作品的阅读以及身边朋友们对他的影响。这一形象亦反映了他自身在世界中的定位以及企图塑造完整自我的挣扎。这些墙体围护着企图自我隔离的主体，似乎与尼采思想中的"超人"查拉图斯特拉有着紧密的关联。

在尼采看来，上帝和西方形而上学之死标志着一种肯定哲学（philosophy of affirmation）的开始，一种终结于"超人"和"永恒轮回"理论的权力意志。这种肯定只能通过艰苦的自我建设过程而非远离生命力的准则去实现，并将最终获得与超验式传统为一体的纯粹而暴力的精神。这是一种贵族式的"绅士道德"（gentlemen's morality），而非宗教哲学所提倡的"奴隶道德"（slave morality）。

这一主体将摆脱犹太—基督教传统中典型的末世式、终极式时间（eschatological and finalist time）并重返狄俄尼索斯式的周期时间（Dionysian cyclical time），就像赫拉克利特从另一极端回归一样。永恒回归的观念假设生活如沙漏一般是可逆的。这个假设虽令人绝望，却被尼采用来建立起一个欢乐的世界，因为人在其中必须把握每一瞬间并正视当下，从而使这种轮回充满希望。它倾向不稳定的演变而非稳定式的存在，同时肯定变化的必要性与时间的内在性，这与柏拉图的观点颇有不同之处：尼采的永恒轮回理论强调人在过渡与变化中复原，通过重归当下抵抗过去或未来的控制，从而回归生活、陶冶情操以抵制奴隶式的道德驯化。

我们不妨跳出住宅玻璃门廊划出的内外边界，从宏观的角度来观察密斯的设计。我们面对的是一个围合的空间。一个景观庭院在其中把建筑延展开去，成为自然的化身。在这高墙之内的并非一种纯粹的自然，而是人工建造的自然，一种对于世界的人为表现。我们在这个空间里栽植几棵浓密绿树，并通过一条小道把整齐的草坪一分为二。小道平行于其中一道高墙，向房子延伸开去。住宅中的居者会看见怎样的景致？为什么他选择与自然乃至世界保持这种独特的关系？这诚然是一种沉思式的关系：它没有预留任何空间给厨房花园、花卉栽培、居家用品归置、喷泉和游泳池，或是任何现代家庭主动引进自然环境的设备。如果我们躺在房子里的巴塞罗那椅上经久地观察这番景致，并把它当作电影画面一样快进，我们眼前会浮现这样一番景象：同一个景致的永恒次序，绝对轮回式的自然时间，而不是线性发展的历史时间。日以继夜，轮回反复；草坪上的积雪融化、雨水降临、繁花盛开、叶落归根，如此景象像在舞台上一般循环反复。天空和花园——即自然——

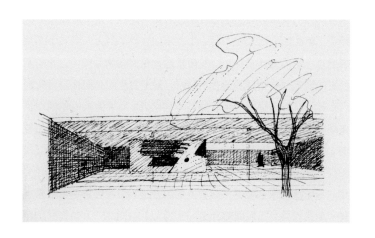

将成为轮回时间的隐喻，偌大的玻璃墙则成为引人深思的西洋镜。其他可能的意义都已被移除于视线之外。

尼采式的永恒回归、空间的绝对隔离和玻璃房子，让我们再次联想起尼采在《快乐的科学》里的那句名言——追寻知识的建筑（architecture for the search for knowledge）："我们需要承认，时下的通都大邑都有着共同的缺点：它们都缺乏静默、宽敞、大气、沉静的场所。建筑的高大长廊，适宜任何天气，无车马之喧，无喊声盈耳，即使是神父大声祈祷也不为这建筑的高雅神韵所容。建筑及其环境作为整体来渲染庄严与崇高的氛围。教会垄断思考的时代一去不复返了。自我思考并不一定要与宗教相关。宗教建筑物必须烘托氛围的这一观念亦已过时。我不明白为何我们对身边的宗教建筑物仍毫无异议，纵然这些建筑已不再具有宗教的本意。它们仍诉说着冷漠拘束的语言。它们仍时刻提醒我们这是上帝之家，是超自然力量交汇的场所。我们无神论者置身其中无法激荡自己的才思。因此，我们要化身为植物与砖石。当我们信步在这些建筑和花园之中时，犹如徜徉于我们的内心城府。"

没有什么可以比那些静谧空旷的玻璃长廊更能展现密斯一直以来通过庭院住宅的设计所研究的问题。身处其中，我们可以信步于内心城府，思考自然循环，继而掌握轮回的时间观念。尼采的这段话清楚表明了密斯与现代实证主义及其功能方法论之间的不同。庭院建筑是一种观念、一台机器。它将被用来反抗趾高气昂的现代性以及实证主义的单调本质。由此，尼采式的超人个体将坚定地开展个人实践并把生活营造为一种艺术。但密斯的贡献不仅限于此（"仅限"一词在此处似乎亦不恰当）。他试图创造一种可以容纳各种异质思想的整体规划策略。这种思想首先由表现主义者提出，后来却被追求科技进步的正统建筑师们规范化、有机化的思想所掩盖。密斯的这一设计技法衍生自对空间和城市的观念以及对外观和装饰文化的组织。这一明确的规划方法建立在尼采的主体观念和他的记忆式的循环时间之上。

密斯的主体渴望自我独立、远离大众。但这种远离带有明确的指向性：他所逃避的并非虚无的森林，而是他所处的城市及其车马之喧。这幢住宅及其高耸的墙壁不仅彰显了一种宇宙观念，更表现了一种特定的情境：一所都市住宅。更重要的是，这里居住的是一位胸怀天下的都市人。它四周的高墙不仅揭示了当中居者的都市生活，亦提示了墙外充满躁动的繁华都市：高墙另一侧就是一处都会景致。

密斯的三庭院住宅绝不可能是都市郊外的乡野住宅。设想一位身着乡间布衣的人居住其中实是一件可笑的事。密斯想象的主体很可能是一位擅长运动、穿着优雅手工皮鞋的绅士。他习惯在人行道上漫步，并从他的房子走到咖啡馆、剧院、商店或城市的林荫大道上和朋友见面。这位心怀世界的男士像波德莱尔笔下的漫游者（flâneur）或格奥尔格·齐美尔笔下的绅士（blasé）那样有着许多社交爱好。这正是尼采在谈论超人时最喜欢的主题之一：他并不像隐士一样远离尘世，而是将自我建设时的压抑化成一种巨大的喜悦，一种挣脱了道德束缚的喜悦。这种极具感染力的喜悦将给他带来对世界的强烈满足感以及超越他人的创造思维。

这种伸缩有度的机制正是密斯建筑的独到之处：因此，密斯住宅里的人并不是坚守自然、远离都市的人。他需要靠近市集和资本都市中新的公共空间。这位居者需要开阔的空间，以培养爱好、举办各种节日庆祝活动，并在免受外界滋扰的环境中拓展各种社交关系。

我们接下来要研究密斯在庭院住宅中的材料运用。在当时现代主义的环境下，密斯的材料运用显得非比寻常。当中最为人乐道的莫过于他对先进材料与传统元素的巧妙结合。以密斯住宅中壁炉的材料和布置为例。首先，为实现中央供暖，壁炉被保留下来。它反复、系统地出现在密斯的图纸中，足证其在密斯规划体系中的地位。然而，壁炉并不占据建筑的中心位置，而是与一道邻近的墙壁整合起来。墙壁和壁炉都是砖制的，壁炉也由此成为墙体突出的一部分。同时，壁炉内在的垂直性几乎要被消除，好像要避免与任何垂直的、中心的空间与超越思想的象征性表现产生联系。它被布置在平面的一角，成为一件家具、一个聊天的话题：壁炉成了一种传统居住生活的参照。我们必须留意壁炉和砖墙在物质层面上与传统的联系。这些联系中体现的一种可逆转时间与现代主义的线性时间观念完全相反；密斯此处的目的在于与尼采形成呼应，而不是类型学上的讲究。

密斯的这些住宅并不遵循任何明显的类型学方法，其中亦没有任何结构主义或地域主义的影响：庭院本身其实与所有的地理条件都存在矛盾。从密斯的思想和规划手法来看，他的设计方法并不关注类型的普适性或环境的特殊性，即客观的基础。他的设计尝试选择若干参数来激活记忆和时间观念。这种可选择性暗示了一种主体性，即对个人和差异的坚持。

尼采笔下的超人与古典的哲人一脉相承。他理解传统的力量，理解自身存在的历史性。他已从自然当中推断出城市法则的基础，并肯定了其与世间风俗、传统以及人与人之间契约的相关性。传统不是命令，而是个体在自我建构过程中的必然选择：这就像翻阅关于自我的参考文献一样。它们并非超验或笃定的，亦不会把人束缚在神性、任何形式的真理甚至社会命令之中。它们的目的是帮助实现个体的创造。

砖墙、壁炉和地板——这些身体会接触到的表面——正是整个系统中传统材料被广为运用的部分。要把这些传统材料与当下的功能结合起来并非易事。密斯使用的材料并不局限于工业时代的产品，如钢铁、玻璃、混凝土等；他同样自如地运用砖、石和动物皮革等材料，使它们之间形成一种对话。虽然现代构造——柱网、玻璃、平屋顶——成就了空间中的水平连续性，但密斯在这幢住宅中仍选择了独具历史意义的石材与砖，作为建立基础与划分空间的关键材料：石材作为铺地，而砖则成为划分地块的墙体。这分别令人联想起庞贝的建筑以及当地的住宅建造传统。由此，我们便容易理解为什么密斯在他本人已成功试验了混凝土技术的情况下，却没有将其运用在墙体的建造之中。密斯的做法旨在激活记忆并实现现代性的主体化，进而肯定居住的暂时性状况以及这种状况在自我建构过程中的必要性。从这方面看，我们不应该忽视密斯的材料观念与其关于城市的思考之间的联系。从他的早期作品可以看出，密斯更擅于在历史城市环境中开展设计，因为这不会使他像在早期设计中那样因缺乏审美表达而感到焦虑。在这一点上，密斯与勒·柯布西耶有序、统一、连贯的世界观有着本质区别。密斯倾向于把城市理解为一种沉淀物、一种独特品味，他甚至会使用照片拼贴的表现手法，来体现与城市记忆的对比与并存。

与时间观念的激活同样重要的是这幢住宅的内在性（immanence）与非超验性（non-transcendence）；它不仅反对构成性，更消除了所有的垂直性。我们在前文已经提到，这种水平空间是一种世俗精神的产物。它体现在空间的连续性和流动性之中，同时亦反对任何形式的顶光。密斯的建筑明确拒绝任何集聚的、重力式的、本质化的光线。这无疑是一个尼采式的世界：空间的绝对水平抑制了垂直尺度上的神性联系。它表达了生活的快乐，同时亦肯定了主体的重要性——他必须呈现在整个建筑中，通过掌控"系统"并将其中的建造技术推至极致来创造氛围。

为了做到这一点，密斯采用了若干策略。一是通过反射使地板和天花像巴塞罗那馆那样显现相同的光线强度。地板和天花的不同材料使他获得等同的色调光学平衡，就像黑白摄影那样。这与传统天井中的顶光不同，亦与古典建筑运用光线的自然主义大相径庭。宜人的光线成为一种设计材料。通过反射，密斯呈现出一种失重且非物质化的光线，从而与绝对垂直的太阳光区分开来。

密斯的另一补充策略则是关于空间知觉和纯粹的关系构成。正如罗宾·埃文斯所描述的，密斯用水平对称替代了经典的垂直对称，把人眼及其运动作为新的对称面。为了做到这一点，他把建筑层高定为3.2米，即地板和天花板的对称面设置在人眼的高度上，这一基本而微妙的设计策略营造出一种视觉和空间重组。一切都围绕这种反引力的装置展开，使传统的被动主体转化为主动主体。主体的运动构造出一种现象式的经验，使得传统上垂直的对称性

获得了一种宇宙式的体验与超验般的力量。

最后，密斯运用了一种纯粹的材料策略。古典秩序常常通过对石膏装饰构件、檐口和模具的布置，来让材料和重力并置；密斯则反其道而行之，强调通过模具的反转（即凹缝），二者结合，使得材料悬浮起来，材料因此呈现一定的厚重感却不再有重力感。他的石头和砖墙变成了一种纯粹的悬浮物质：它们不承载任何力量，其自身亦没有重量。因此，它们的作用在于触觉而非构造：它们的存在在于其设计上的美与书法式的质感，一种被触发的记忆。

我们由此可以总结出三种形式的水平性。在材料组织上，用中空、投影线代替了古典的接缝；在光线控制上，利用补偿性反射来营造一种均匀分布的光；在空间几何上，通过将空间高度控制为人眼高度的两倍，传统的垂直对称被水平对称所取代。这几点操作都明显反映在密斯为庭院住宅所绘制的透视图（这些透视图本身就是水平对称的）、巴塞罗那馆的照片（这些照片都沿着水平线对称，并着重控制了地板和天花上的相同色调），以及他对材料的反引力式拼接之中。

密斯也通过否定所有的垂直秩序来彰显这种水平性。他创造出一个轻松且无关重力作用的景象。通过光线处理和水平对称，密斯的巴塞罗那馆呈现出一种完全矛盾的感官效果。人在其中的体验有如身处一座神庙或是一处冥想空间之中。但这座神庙并不为任何神灵服务；其主体正是当中的居者。虽然尼采已清楚阐释了这一点，但只有密斯能够以物质形式将其创造出来。

身处三庭院住宅之中，我们应留意那些为其增添生活感的装饰艺术。它们有一个重要的特点：这些艺术品和家具往往和建筑元素结合，二者之间完全没有生硬的转换。这些家具的重点不在于传统意义上的舒适感或专业化的功能：它们兼具艺术和建筑层面上的意义，继而成为建造"系统"中的一个重要元素。因此，虽然建筑当中家具寥寥，密斯却对它们颇为重视。更重要的是，他总是精准地把它们绘制出来。这种精准性更存在于他的思考之中。密斯在不同的情况下设计过一些不同的家具，但他在这个项目中并没有这样做。这位胸怀世界的主体并不需要也不渴求太多的身外之物，但他也明白，自己需要在家中私密的空间里设置若干精美的家具元素，它们时刻欢迎他，并将帮助他展开个人生活。

我们必须首先了解巴塞罗那椅中的人体姿态，才能理解密斯这一设计的对象，以及为何这些会客区中的椅子总是散放在起居室之中。巴塞罗那椅很适合人坐着聊天，它确是传统比例和人体舒适需求之间的精妙平衡，是优雅姿态和曼妙设计的交汇融合。不过，士绅阶级的审美情趣不应是我们在理解这件家具时的唯一考虑。它的另一个特点在于，其材料与组成并不受人体工学所限制。它高760毫米，宽750毫米，长754毫米，这一尺度形成了一个几乎完美的立方体，体现了与平常实证式的舒适感的区别。巴塞罗那椅将满足另一种体验。它代表着对美感和完美的向往，企图比肩其他伟大的艺术品。它的精致与稀缺正好符合这位胸怀天下之人，占据其心智又不致使其愚钝。密斯的家具设计达到了一种新的高度：它被理解为一种艺术制品。所谓舒适性已经从传统现代主义的功能舒适或小资家庭的装饰，转变为一种内在的艺术与对完美的追求。这种精神舒适旨在满足那些像尼采一样视自我存在为艺术的人。正如阿洛伊斯·里尔所说，这种人需要兼具思想家和艺术家的情怀。

漫步在三庭院住宅里，我们可以总结出一种构思栖居的思路、一种规划的方法，即从新的"主体"出发搭建"系统"。这一系统的关键与我们常提到的柱网结构、玻璃材料、平屋顶等概念无关；关键是，它与城市和自然的关系、构想空间的方法以及呈现空间的技术、其时间观念、外观与物体文化。我们应意识到，密斯在构建这幢住宅以及当中主体的同时，亦在创作一幅自画像——他正是以自身作为创作的对象。密斯参观图根哈特住宅工地现场、在芝加哥公寓独处、漫步在芝加哥卢普区街头的照片，都体现了他的这一意图。他的孤独、他在柏林的公寓、他带到美国的书籍、他的壁炉、他收藏的克利的画与毕加索的雕塑，以及他用来填补生活的空阔和极简态度，这一切背后都有着同一用意：他本人正是这一构造的对象。通过摒弃现代主义道德观念、传统的价值观念和家长式的社会观念，密斯挣脱一切束缚以投身建筑的工作，并抵抗这一切带来的困难。这实是一次私密空间中的自我投射。

这些投射的交织令人联想到自传的形式。它揭示了这一方法的生命力，即住宅与对象之间的再定义关系。它同时带来了一种设计理论，即通过反思主体（个人通过人类哲学的投射）、思考私人/公共二元关系与主体的社会实践之间的关系，来探索空间、时间、记忆、主体性和技术与实证主义知识形式乃至当代物质文化之间的联系。

若要改变思考和规划住房的方法，我们必须首先修改现有的分类标准，并探索一种独特的经验形式。它应关注不同主体与私人甚至公共空间之间的联系。由此，我们得以重新描述住宅和私人空间的形式以及若干与其相关的容易混淆的观念。当我们"栖居"

于这一住宅当中时，我们会发现它与现代主义教条的关系已被另一种与现代实证主义相矛盾的关系所取代。尼采和密斯都栖居在这幢查拉图斯特拉之宅中。他们的存在完全改变了我们思考、建造和生活的方式。"只有通过哲学，我们才得以辨析面前工作的真正秩序，从而了解我们存在的意义和尊严。"密斯简短的格言式写作手法无疑受到了尼采的影响。由此，密斯直接反对实证主义的科学方法（其本身就是一种对哲学的历史否定），并重塑主体和哲学思想对住宅设计的重要性。住宅因此得以在20世纪多舛的历史中重新焕发活力，随之而来的则是各种与现代科学客观主义不同的栖居形式。

我们接下来将在本书中走访的其他住宅——现象学住宅、实用主义和后人本主义住宅、弗洛伊德-马克思主义住宅以及当下的许多其他体验，它们的存在本身已批判了实证主义者对主体创造性的忽视。这不仅是尼采的影响，也有密斯的贡献——他不断发现现代化进程的缺陷，并努力使建筑摆脱狭隘的现代主义架构。直到最近，密斯的许多贡献才被观念单一的建筑评论界所发掘；评论界一直受困于意识形态而无法以最客观的距离审视一切。通过近来对密斯的重新评价，我们会发现20世纪丰富的思想一直被短视的历史观所掩盖。如果我们重新检视过往研究现代主义住宅的方法、关于集合住宅的现代主义教科书以及规制几代建筑师从若干限定角度出发来思考问题的训练方法，我们也会发现同样短视的历史观念。

因此，我们选择以密斯的庭院住宅作为本书第一个到访的住宅绝非偶然。它为我们摆脱理解住宅的套路并另寻角度思考问题提供了新的起点，为我们未来的进步点出了关键，进而提出了更多有价值的问题。这幢住宅本身就证明了这一解析方法的成功之处。它帮助我们重新审视当代关于理想住宅的思想，并揭示了实证主义住宅终究只是20世纪丰富多元思想的一个组成部分。

2

避世的海德格尔：
存在主义之宅

"黑森林南部广阔山谷里一处海拔1150米的陡坡上，坐落着一处滑雪小屋。小屋的平面约六米见宽，七米见长。低矮的屋顶下分出三个房间：厨房兼客厅、卧室、书房。对面同样陡峭的斜坡和两坡间狭窄的山谷里，稀稀拉拉地散落着屋檐出挑的农舍。高山草甸和牧场向山坡上延伸到远处高耸的杉木林中。澄澈的夏日晴空中，两只苍鹰在明媚的阳光下大回转地翱翔。"

这段文字是海德格尔的文章《为什么我留在小地方》的开头。当时，海德格尔刚在几周前与纳粹党分道扬镳，因此，他的生活完全不像这段抵制虚假轻浮的都市生活的论述般单纯。我们接下来要探访的正是海德格尔笔下的这栋小屋。我们深信，只要对其仔细研究，这次探索之旅必有所获。要掌握海德格尔的思想并非易

海德格尔在黑森林托特瑙山的小屋。

海德格尔拎着一桶
水站在小屋门口。

海德格尔正要和
妻子一起去散步。

在桌旁。

海德格尔和妻子在小屋里，
1968年6月16日。

事。在他1947年写就《关于人道主义的信》后，海德格尔的存在主义思想直接和关于这处住宅的隐喻联系在一起，成为其哲学体系不可或缺的一部分："语言是存在的居所，人栖居于存在之居所中。"这栋小屋将帮助我们开启一种甚至可以取代哲学语言的建构修辞，在这种修辞里，哲学将成为思考栖居的一种方法。

海德格尔的这一思想与胡塞尔的现象学和尼采的虚无主义在本源上相关。它主张回归哲学的基本问题，探寻存在的意义和"人的本质"（即海德格尔所称的"此在"），并以此作为哲学的主要基本对象。海德格尔认为，要解答这一本体论问题，我们必须首先认识到存在主体周围环绕着其熟悉的事物；工具和住宅作为一种生活的物质形式，往往通过存在式而非顺序式的时间发展起来：过去、现在和未来往往是人的主观体验。因此，主体往往陷于存在式的时间和熟悉的功能布置。他意识到自己常常受一种痛苦感驱使，要去理解这个不太友善的世界，以期把自己投射于其中。因此，这幢自我怀疑者之宅并不仅仅是一种中立的环境：当中栖居着一位自省之人以及他的自省思想。住宅，住所的营造，与其说是隐喻，不如说是存在主义哲学真正的主体。住宅中常蕴藏真实的生活与丰富的存在。但其本身的环境并非中立，而是一种自我冲突的反映：它是既亲密又令人不安的场所；一种掩饰隔离的异化空间，一种对人类本性充分释放的不适。这种贬抑与存在的不真实性，反而是对现代性的加强而非排斥。知识进步和技术滥用激发了这种强化的能力。因此，要回到哲学的起源重新思考人的存在，要重新思考住宅并解释其存在的意义，就归结成为一项任务，且不可避免地需要直面现代科技带来的异化。

总的来说，存在主义思想作为对现代性关于住宅及其居者的陈词滥调的抵抗，深刻影响了20世纪70年代末一系列对现代性的反思。若要了解我们自身所处的时代，我们必须细心探访这栋位于黑森林托特瑙山的小屋。它正是1933年弗莱堡大学任命海德格尔为校长时对其的赠予，而密斯当时恰在潜心钻研设计庭院住宅。海德格尔这处朴实的避世所，足以让我们认识存在主义住宅蕴含的所有复杂性。

海德格尔通过三点论述向我们解释了如何生活在这所房子之中并在精神上拥有它：首先，他在一场著名的演讲中提出了对"建造"（bauen）一词的词源系统性的本体认识；其次，在同一场演讲中，他借由令人惊叹且富有启发的"桥梁"意象，阐释了他关于真实栖居的想法；最后，他在视觉上向我们描述了这栋黑森林住宅的外观以及他本人是如何建立自我并栖居其中的。这三个论点将成为我们这次旅程的三个重要时刻。不过，在存在主义批判现代规划的道路上，海德格尔并非独自一人。一位有影响力的柏林建筑师同样拒绝遵循现代表现主义与事实主义（sachliche）教条，并反对把传统等同于落后，这就是海因里希·泰森诺。他在20世纪70年代重新得到批评界的认可。作为批判现代主义追随者的关键人物，他开拓了一个与海德格尔理论并行的完整理论语料库——它所采用的条例形式如此简洁以至于常被误认为一种无知的表现。

但泰森诺的思想绝非无知。在1951年的达姆斯特德研讨会上，海德格尔向即将重建战后德国城市的建筑师们发表了题为《筑·居·思》的演讲，其中就运用了泰森诺的认识论。面对功利主义与目的论式现代主义（这一概念源于我们当下追求所谓未来进步的行为），海德格尔提出了一个激进的驳论：我们应回归事物的根本和起源。首先，我们必须明白行为的意义。例如，我们更应探讨"为什么而建"而不是"建造什么"或"如何建造"，即建造这一行为本源的意义。海德格尔思想中最具深远意义的正是对过去的回归；只有如此，我们才能把肤浅的栖身（lodging）转化为真实的栖居（inhabiting）。"肤浅"和"真实"两个词也反复出现在海德格尔对人们不加分辨地使用现代科技的批判论述中。

"建造"（bauen）经常被混淆成"栖居"本身："如果我们仔细研究bauen这个词，就能看出以下三点：

1. 建造意味着栖居；
2. 栖居是我们人类在地球上生活的基本方式；
3. 栖居蕴含于建造的行为之中——建造楼房是一种关心与爱护的行为。关怀是栖居最基本的形式。"

也就是说，栖居的基本特征是这种"关怀的行为"："我们人类栖居于地球之上同时也在拯救它……救助不仅限于从危险中拯救，它也包括帮助他人寻找自我。实际上，拯救地球意味着我们不再利用或摧毁它，也不再试图驯服它或视其为被征服的对象——征服意味着无止境地开发利用。"如果我们不摒弃盲目的实证主义价值观，我们的地球将无可避免地被自第二次世界大战以来的无尽科技所破坏——我们已经在军事领域对此有所体会。建筑行为中的"关怀"涉及"存在"本身的栖居感，但这种关怀暗示了时间上的连续性，即对瞬时性而非空间尺度的关注：这一起源久远且由关爱地球形成的时间观念可以为我们带来栖居的真义。

这场词源讨论为我们树立了对现代科技的防御之心，它召唤关爱自然，促使我们用一种视记忆为进步价值的"极端"的时间观念，来抵抗目的主义的终极式时间，从而在某种意义上反转时间的方向。此一论点无疑已经深入当代社会，尤其是在与环境议题相关的领域，同时也已深入那些我们祖先的记忆留存于其中的领域中——即历史建筑，其在我们时代的保护和并存本身就是一个项目，是一种理解建筑的真正意义的方式——这正是后现代主义的又一观点。从这个角度看，海德格尔为以栖居为特征的建造行为提出的理论图景并不是一种封闭的空间，而意外地是一种过渡式的构筑物：一座桥梁。海德格尔以海德堡的旧桥为例，阐释了时间意义反转与空间概念变化的对应关系：桥梁的主要特征不在于其空间性，而在于其由物质和精神的秩序关系定义场所的能力。因此，许多桥梁都与圣母或圣人有关。大地与天空、神灵与凡身由桥梁联系起来，从而构成四位一体（quaternity）的整体："大地负责养育并提供丰饶的物产，如石头、水体与动物等。我们在谈论大地时往往联想到其他三者，却不曾把它们视作四位一体的整体。天空承载了太阳运动、斗转星移、四季变换、日夜更替、丰富的气候、云的多变本质和深蓝的天空。我们在谈论天空时往往联想到其他三者，却往往不把它们作为四位一体的整体。圣物是神的信使。神灵通过圣物出现在我们的面前或隐藏在它们的神秘中。我们在谈论神灵时往往联想到其他三者，却往往不把它们作为四位一体的整体。凡身代表了人类。我们之所以被称为凡身是因为我们终将走向死亡的命运。死亡意味着有能力最终逝去。在大地之上、在天空之下、在圣人面前，凡人只有不断地走向死亡。我们在谈论凡人时往往联想到其他三者，却往往不把它们作为四位一体的整体。我们称这种四位一体为'四元'。凡人通过栖居关注'四元'的本质。因此，栖居—关怀的行为往往是以四元的形式存在的。"

现代人所理解的空间无非是一种算术和代数的延伸，即一种笛卡尔式的"广延物"（res extensa），而不是真正的建造与栖居行为。场所的建造有赖于存在本身的形态；在像桥这样的场所之中，凡人的命运就与大地和天空联系起来。

在那场面对建筑师的非凡演讲中，海德格尔重新提出了一系列值得关注的议题与影响深远的概念。这对当时正大张旗鼓准备把现代运动扩展到更为广阔社会中的建筑师们来说无疑是极大的震撼。希格弗莱德·吉迪恩1941年提出的"空间—时间"概念受到了质疑：时间被扭转，记忆占据未来；空间不再有多大作用。时间和空间作为四位一体的核心，可以修复反转自然的科技对当代人类尊严的破坏。场所、记忆和自然直接取代了空间、时间和技术。这一观念上的精辟转化也引发了1960年代末至今建筑界接连兴起的思潮。

海德格尔是否向这些建筑师们提出过任何隐晦或明确的模式呢？考虑到这些建筑师们面对的庞大工作量，海德格尔建议他们仔细考察他于1926年写作《存在与时间》时居住的小屋。他告诉建筑师们："让我们来看看这栋黑森林小屋背后延续了两百年的乡村生活方式。它赋予这栋房子同时承载大地、天空、神灵与凡人的重任。房子坐落在山上背风的一侧靠近泉水的草地上，宽阔的屋檐几乎延伸到地面，以恰当的角度倾斜以平衡雪的重量，使居者在漫长冬夜里免受风暴的侵袭。屋内长桌背后放有上帝的画像；卧室既是婴儿出生的神圣场所，亦是当地人称呼棺材时所说的'死树'之所在。因此，小屋标志着人生的不同阶段以及与之对应的时间印记。栖居行为衍生的技能及其对应的工具成就了这栋乡间小屋的建造。"

迪妮·梅勒·玛克维兹在1968年6月拍摄的照片集，使我们得以窥见海德格尔与他的妻子埃尔芙丽德在这所小屋里的生活状态，此时正是巴黎"五月风暴"发生后一个月。照片中，海德格尔交叉着手臂凝视着我们，他的妻子在一旁炖汤。我们不禁产生这样的疑问：这所存在主义之宅的主体是谁？当中的居住观念是为谁而生的？海德格尔在这组照片中有时在提水，有时在散步，有时则以经典的思想者姿态坐在桌子一旁，漫无目的地看着他辛劳的妻子。这些照片让我们了解到，存在主义时空观念掌握在威权者的手里，他通过自身的存在与"四元"进行对话：哲学家成了父权的代表。马克·威格利的描述无疑是对这些照片的最佳注解："掌握哲学在于掌控家庭，家长式权威使房子里的其他人沦为家庭的仆人或家庭生活的服务者。"

存在主义之宅当中的居者试图控制语言，从而确立自己的思想。在试图摆脱形而上学的同时，海德格尔居住观念中的怀旧念想亦尝试塑造一个正统的、统治式的主体以建构居所并栖居其中。这就像海德格尔本人坚持根据自己的想法建造小屋那样。存在主义者之宅的主体继承并谨慎地打理父母的财产，然后将其转交给自己的子女——他本人就像一座桥梁。主体对四位一体的顺服，对天地垂直布局的顺服——正是某人将其存在授予一系列根基和场所的方式，清晰地表达了一个具有传统威权的人的姿态。进一步看，它体现了这种栖居关系中蕴含的怀旧感。不要忘记，海德格尔的小屋是一处被遗弃的旧房子，而不是继承来的祖屋；它是一个度假屋，而不是固定的住宅；当中的居者从不平整土地，而只是漫步其中。我们往往把海德格尔住宅中体现的这种时间的存在主义式冲突称为"怀旧"。它并不属于平庸的当下，而是历史的浓缩和时间性的理想产物。

存在主义之宅激发的这种入世怀旧情怀在20世纪正逐渐消失。存在主义之宅是一处躲避世界、躲避公众的避难所，正如小屋是抵御大自然力量的避难所："寒冬深夜里，肆虐的暴风雪笼罩周围一切，这正是理解哲学的最佳时机。"冬夜和暴风雪彰显了房子作为居者在自然间的避难所的重要地位。这所房子和大城市的人工自然之间亦存在一种隐喻关系——这不仅是公共和私人空间的绝对边界，也正是居住空间的观念本源。

人与自然的关系，正如人与公共社会的关系一样，总是充斥着暴力。这种暴力和父性的权威直接相关。存在主义之宅里永远暗存着阶级专制与父权的笼罩。正是那个建造房子的"他"亦将执行海德格尔所说的"关怀"使命。在存在主义之宅中，层级轴线与围绕中心的空间组织有着一种明显的对应关系——雅各·波内特称这种类型为"烟房"；主要空间和起居室往往围绕着中央壁炉。这些欧洲大陆北部典型的传统建筑，因其作为家庭聚会场所和社区聚会中心的功能，而有着明显的垂直等级分层。因此，存在主义之宅可被视作一种集中式、垂直式的住宅。当中的居者依附于这一场所和与之相关的阶级权威式家庭。存在主义之宅使居者免受不真实且富有侵略性的外部环境的侵扰，并且在时间和记忆上与其

相关的主体相联系。这是一处真实的场所。它既抵御外界恶劣天
气和自然力量的威胁，同时亦抵御从表面看来将是持续有害的世
间俗事。

在他战后的第一篇著作中，海德格尔以其独特的文笔描绘了这所
住宅的意象，这为我们理解外部威胁论、居住和住宅之间的联系
以及他本人试图远离纳粹活动的挣扎提供了不少线索。文中清楚
地解释了公共领域的暴力对私人生活的影响、存在主义之宅与家
长权威的系统联系以及当中垂直集中的空间组织方式。自然的肆
虐被从公共领域引入私人领域之中，揭示了存在主义之宅的保护
本质。因此，存在主义之宅代表了从市集、论坛和公共领域（以及
纳粹党人）逃离。这是一个"真实的"场所，任何外部元素的进入
都意味着对真实性的撕扯和遮掩。

因此，"真实"恰是工业技术和通信媒介这两种外在表现的反面。
技术泛滥所吞噬的并不仅仅是自然：外部世界的观念通过电台、
电视、报纸被引入这所住宅，时刻在侵袭着栖居环境，使栖居生
活沦为需要维护四元的勉强栖身。这也意味着，海德格尔观念中
的垂直布置行将崩裂："他们无时无刻不被广播和电视所影响。
电影使他们堕入反常的想象空间，即一种背弃现实的世界。图片
杂志无处不在。这些现代传播技术不断刺激、影响并驱动着人
们——人类的生活更接近这些现代技术，而不是周遭的农田、大
地上的天空、昼夜的变化、村庄风俗习惯以及乡土传统。"

存在主义式栖居是与现代都市相悖的。它反对入侵自然、背弃传
统的科技；而住宅本身则应是抵抗纷杂都市的屏障。这令人联想

到泰森诺1919年出版的《小城镇手工艺》和他于1921年在德累斯顿艺术学院的致辞《中间国度》。泰森诺在这两篇文章中贬抑都市人并颂扬了普通匠人和他们朴素的住宅、花园、土地和工房，也赞颂小镇生活（中等规模的城镇，而不是村庄或大都市）以及德国在欧洲版图上的中心位置。这一切都是海德格尔现代性思想的重要先例。泰森诺在严谨学科层面上的"真正智慧"影响了海德格尔关于真实生活形式的话语阐释，同时也影响了建筑的专业方法。（不要忘记，尽管泰森诺的影响并不限于国家社会主义——比如在海德格尔身上，后者却充分利用了他的理论；比如阿尔伯特·斯佩尔一直宣称自己是泰森诺的门徒。）

在泰森诺看来，都市是一切弊病的根源。加速的工业化和对中产及中下阶级的典型美德的背弃，导致战争的诱因在大都市中滋生。就像在海德格尔身上一样，我们在泰森诺身上也看到了一种对都市的敌意，他反对把都市视作科技无理性发展的完美产物。泰森诺试图宣扬普通匠人的谦逊，即生活的真实形式与智慧表达："他们灵巧的双手、宽阔的后背与俊美的面庞愈发鲜见；他们的实际社会地位远比不上他们所应得的。"泰森诺的论述令人联想到海德格尔在《艺术作品的本源》中对农场工人的靴子的描述："鞋具磨损的、黑洞洞的敞口中，凝聚着劳动步履的艰辛。这硬梆梆、沉甸甸的破旧农鞋里，隐藏着寒风中一望无际的田垄上那些坚韧而滞缓的步履。"我们在这些语句中看到了一个有着同样野心和高尚情操的主体，他总是通过辛勤而耐心的工作与环境保持平衡而富有创造性的关系。泰森诺继续说道："工匠总是努力把自己置于中心。作为工人，他希望处于这样的位置以成为真正的人；在世界的中心……这种匠人精神使我们与住宅保持联系。它使我们拥有自

己的土地，建造自己的住宅、庭院和花园，同时打造属于自己的
工房。这个工房装载着我们的疲惫、情绪和悲伤，亦承载了我们
的骄傲、欢声和笑语。工房中的机器不会太大或太重……这一切
都在小镇的中心。"泰森诺言简意赅的文笔瞬间将我们带到一座小
镇之中，生活在这里达到了高潮。但当他预言第二次世界大战的
影响时，这种纯真却消散殆尽。他在《小城镇手工艺》的结尾如是
阐述："事实上，如今要坚持手工作业和小镇生活是荒谬的。若要
它们重焕新生，我们首先需要一场大雨，尔后才会有花开的可能。
这种花开的绚烂我们如今只能模糊地幻想，更可能需要全体人民通过炼狱式的生活才能达成。"泰森诺这部末日式的笔记还有更令人震惊的结尾：只有那些经过炼狱的人们才能在几十年后体会存在主义的真谛，届时，手工作业和小镇生活将成为应对20世纪非理性现象的良方。

现在，让我们回到那幢存在主义之宅，想象自己将要居住其中，并仔细观察当中的材料细部。我们应留意，海德格尔的小屋与泰森诺的设计图纸中，并没有为公共娱乐、聚会、客人来访或任何可能妨害家庭内部秩序及其严格守则的活动留有空间。存在主义之宅本身是相当小的：存在主义居者不信任太大的尺度或任何宏伟的规模。这幢房子本身足够简单，其设计以家庭房为中心，周围的房间尺度减少，没有任何所谓的复杂性或"空间"特质。我们或可得出结论：存在主义之宅中没有绝对的私人空间；它们都被阶级结构及家庭概念所控制。更确切地说，存在主义之宅缺乏内在性与空间观念——这一切都被时间取而代之；这正体现了海德格尔对空间的永久否定、关于桥梁的比喻以及对在建筑中生活的态度。存在主义之宅的内部空间并不壮观。这幢想象的住宅内部具有传统、黑暗和隐秘的暴力特征。这点在海因里希·泰森诺的室内设计中尤为明显，特别是他那些令人不安的室内设计图：这是一个谦卑但在我们眼里阴郁忧伤的世界，仿佛被一种固执的传统或坚守的惯例所固化。

存在主义之宅是一种内在的境域。但这种内在无关空间，关乎的是内在的人，一个依附一种深奥模式来实现自我的人。正因如此，这所住宅丝毫不缺各种小工具，如若不然就将有损它的价值。住宅房间内所贯彻的物品文化极其简约，几乎没有空间留给科技设备，也没有空间给男主人之外的其他人来表现其个人主体性。所有的物件都是属于家庭的，其意义则来自家庭垂直关系中的地位：个人秘密或矛盾，个人舒适或乐趣都被禁止。泰森诺详细的图纸确立了这种物质文化。那些精心保存的家具承载了时间、血统和父权的存在：礼帽和帽架上面的清漆、拖鞋、夫妇的照片、茶具、手套，等等。泰森诺用这些意象取代实际的威权以表达其中的物质文化，这些留存下的存在痕迹可能被某些人视为某种失落秩序的象征，也可能被另一些人视为家庭对个人隐私的暴力侵犯。

我们不难理解为何存在主义之宅中鲜有科技产品，并摈弃现代性赋予人造材料的价值（即对原材料的工业转化）。存在主义之宅始终由天然材料造就：可能的选择包括石头、砖块或木头；它们都是在整理场地时收集起来的。这正是在黑森林里建造小屋时你能想象的事情。这些材料表现了时间的流逝、与地方的联系以及生活的真实性，它们把我们和土地紧密结合，具有无与伦比的魅力。

这种对内部空间的否定与把房子作为屏障的手法，导致存在主义之宅中最具张力的空间竟不是其特权空间或房子中央的休息室和壁炉，而是它周围的墙壁，这个作为内外交界的表皮。在这个交界处，这个内部与外部之间永恒冲突的摩擦场域中，树立着的是门（入口）这个公共和私人领域的分界。门是泰森诺的文章中反复出现的一个母题，在他的图里则往往与其他物品一同表现，例如前廊、大门条凳、台阶、树木、印刻的传统铭文、侧门、门垫等。泰森诺痴迷于这种交接场域的设计。他宣称"经过仔细设计的门口可以为工人住宅带来尊严"，实证主义建筑师们往往把这看作世俗或贵族化的观念，并在量化最低生活标准时故意忽略。

但泰森诺和海德格尔并不把门作为一种技术对象。他们重视的或
不只是门的功能而是其意象，即其唤起一扇既有且"永恒"的门、
唤醒作为尊严象征的过往记忆的能力。我们由此见证了一种关于
住宅的态度，它与现代实证主义完全相反，反倒更接近20世纪60
年代末以来建筑界关心的议题——泰森诺思想的回潮毫无疑问是
这一亲缘关系的明证。这不仅与门的唤醒能力有关，也是一种对
住宅的历史图像形式的再思考。资产阶级独栋或集聚为街区的住
宅中，传统类型通过一种只能被描述为"历久弥新"的朴实语言
实现了再生。正是这种图像延展的时间性，为存在主义之宅带来
了建构上的积极意义。

从政治角度看，存在主义的时空观念无疑是负面的，但这种道德
审判却忽视了其本身的魅力、永久性和认可度。把这种纯真的怀
旧归为海德格尔的影响是不妥的。实际上，意识到这种怀旧的不
可能实现，发现自己其实只是黑森林夏天的临时访客，使得海德
格尔式的存在能获得一种对自身当下的讽刺性的认识。这正是近

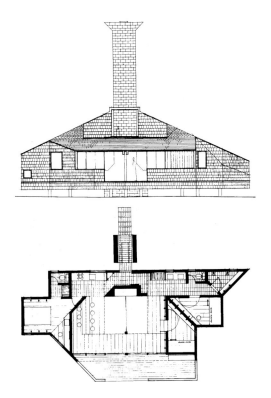

来许多作者在讨论海德格尔思想时所强调并重新研究的内容。例
如，詹尼·瓦蒂莫在探讨"弱思想"（pensiero debole）时提出，
应把历史视为传递给我们的文化传统和命运，在此之前"神性"
（pious）是唯一可能的关系——这是与记忆的存在主义式和解，并
通过世俗式操纵体现在创造之中。对于这种讽刺或/和虔诚的意义
与价值，没有哪位后现代建筑师能像罗伯特·文丘里在他的早期作
品里那样有深刻的了解。文丘里意识到我们如今已不可能实现这
种对连续式时间和事物的怀旧；我们只能通过讽刺，自如穿梭于
这些存在范式和愈发"不真实"的现实之间。文丘里的母亲之家
（尤其是她端坐在门口的景象）与假日木屋的原型，正是我们正在
探访的海德格尔小屋。它们的中央壁炉、屋顶和大门表现出与记
忆的和解，进而演化为一种对过往存在的积极态度，却是通过一

种缺乏超验式野心的极具讽刺与距离感的手法实现的。但它们也预示了建筑师的兴趣转移到了建筑表皮上，围绕中央廊道的内部空间则被按照普通惯例处理。这些住宅也体现了一种典型的家庭组成，这些家庭往往因为离异或其他变化而缺乏稳定性，很少有居住时间长于一代（十五年左右）的。

它的室内往往同时布置了传统和现代家具。它虽与泰森诺的室内设计有着某种潜在联系，但也时刻与后者强迫式的传统主义保持着距离。事实上，它最早登上国际建筑专业杂志时呈现了一组当时令人感觉怪异的家具布置。我们应时刻铭记这种呈现造成的影响，铭记它掀起的抵抗现代主义教条的自由风气，从而更好地理解常被我们忽略的那一整代建筑师试图超越现代主义单一正统模式的努力。

我们这段旅程将定格在文丘里母亲坐在家门口那令人动容的景象。我们不妨把她和之前到访过的其他住宅中的居者形象进行比较：密斯梦中孤独的尼采式英雄；表情夸张的海德格尔以及他那位守候在黑暗室内的妻子……坐在门槛上的母亲，神情又骄傲又脆弱，这幅图景比任何文字都更能表现出存在主义住宅的永恒与局限。存在主义之宅的设计正是出自这种脆弱而讽刺的形式。当中衍生的原始性将唤醒其本源以及与之相关的自然外表。我们应注意其外形的处理，而不至于陷入粗俗的怀旧之中。在这次探访结束之际，必须指出，海德格尔对记忆与场所感概念的发展，已成功衍生出政治和空间上的"原真"概念。建筑师们自20世纪70年代以来借用"原真"这一海德格尔式词语，构建出一系列关于进步、秩序和家庭的不同价值观念。这一思想也成为许多历史城市中心保护的基础，并支持了许多在都市边缘探讨城乡关系与自治概念的试验。它不仅仅关乎边缘或实证式发展，因为大尺度的空间实践和城市政策已变得不再可行，我们如今已无法想象任何忽视维护和振兴历史中心、不考虑可持续发展战略的城市政策。20世纪80年代许多历史城市中心的复兴以及90年代关于可持续增长规划的地理学思想，都间接源于一位沉迷于"建造"一词的词源意义的大学教授对一幢6米宽、7米长的小屋的思考。但这并不是意义的全部：正是海德格尔和泰森诺对所谓科技迷恋和进步思想的敬而远之，才使现代教条观念得以修正，使人与自然的平衡关系得以恢复。这种更为简单温和的居住方式使我们得以与自我的过往和谐相处。

海德格尔通过他那晦涩的语言告诉在台下聆听的建筑师什么是重点，他们应该以什么方式纠正自身方法和价值观，以及为何住宅不应该被禁锢在一套早已过时的假设之上。告诉他们住宅是一种主体性的表现；它本身的建造来自对建构意义的反思，从而直面栖居这一原始而基础的事实。简而言之，海德格尔再次肯定了哲学思考对于建筑思想发展的关键作用。

3

雅克·塔蒂的居住机器：
实证主义之宅

1957年，在奥古斯特·孔德逝世一百周年之际，雅克·塔蒂完成了电影《我的舅舅》的拍摄。这部电影无疑是对正统现代主义的设计和居住思想最智慧、最风趣的批判之一。读者肯定记得，这部电影为我们描述了两种截然相反的生活方式：居住在巴黎市中心旧房子里的舅舅于洛先生（塔蒂饰），以及阿尔贝勒一家——包括塑料厂老板阿尔贝勒先生、他的妻子（也就是塔蒂的姐姐）和他们那崇拜舅舅的儿子。阿尔贝勒一家住在郊外高档社区一幢带花园的独栋房子里。电影看似情节简单，却通过这位喜欢和舅舅相处的小男孩的视角，呈现出两种生活方式的差异以及阿尔贝勒夫妇试图将儿子和于洛先生带入现代生活的绝望尝试。

在这部电影里，塔蒂这位精湛的艺术家和完美主义者不仅自导自

雅克·塔蒂。于洛家的
房子，于洛先生正在阁楼
门上方摸索着找钥匙。

雅克·塔蒂。阿尔贝勒
家的房子，夫妇二人
心满意足地站在门口。

阿尔贝勒夫妇在
电视机前休憩放松，
坐的位置与打开的
法式窗户成直线。

阿尔贝勒夫妇透过自家
卧室窗户向外窥视。

阿尔贝勒家的花园派对，
前景里是装饰喷泉和水池。

于洛先生把阿尔贝勒家的
庭院植物修剪得惨不忍睹。

演，而且和他1967年拍摄《游戏时间》时一样（那部电影也是对现代城市的一次深度分析），与雅克·拉格朗日一起直接负责电影的设计工作，当中就包括位于尼斯的维克多片场中阿尔贝勒一家住宅的概念设计和施工。（拍摄《游戏时间》时他规划并建造了电影史上最著名的现代城市布景之一）塔蒂这么做并非毫无理由：电影中关于阿尔贝勒夫妇和于洛先生生活方式的比较，并非通过演员的对白或主角的台词进行（塔蒂出身自默片时代，对台词几乎没有兴趣），而是借由他们的行为和周围的环境来传达的。建筑和城市规划，加上自然和人为的声音，在很大程度上是各种行为的触发器，是原因同时亦是其结果。因此，整部电影可被看作是一次对建筑学的批判性阅读，当中两种构想和生活的方式相互抗衡。事实上，电影的剧情真实地重现了20世纪两种影响深远的思想之间的辩斗。一方面，将实证主义范式、将进步和秩序作为救赎的工具的信念持续应用于私人生活领域，这两者被人类用以发展科技，哲学与科学被同等起来，而后者更被视作思想的制高点；另一方面，为了抵抗实证主义，胡塞尔和伯格森乃至海德格尔和梅洛-庞蒂都试图重建一种新的主观主义或活力论，以摆脱科学概念的框架，从而揭示实证主义的意识形态本质以及其技术官僚式的社会表现。

电影中表现的这种对抗与当时一些建筑师从制度内部反抗现代主义教条的运动如出一辙。1956年在杜布罗夫尼克举行的关于"人居问题"的CIAM国际现代建筑协会第十次会议标志着现代主义的终极危机，年轻一代如巴克玛、凡·艾克、史密森夫妇等组成了"十次小组"（Team X），以激进的姿态抵抗老一辈建筑师。这些年轻建筑师所反抗的，正是实证主义还原论对现代建筑全方位的渗透。

从现代性所编织的规范和制度框架的角度看，塔蒂的更大的自由带给他的洞察力和讽刺力备受责备，而这些也被证明为是变革的先例，这些变革在许久之后终将实现。

为此，我们更应去探访作为伟大建筑师的塔蒂所设计的住宅，并以其为镜反思自己；同时承认，虽然自以为已超越了现代主义，但我们仍不自觉地继承了现代主义的陈词滥调。作为建筑师，我们如今仍很难发觉自己身上这些过时的腔调，因为它们构成了我们平素所受建筑训练与教育的基础。不要忘记，孔德及其追随者最伟大的成就之一正是法国的学术实证主义。在法国的理工学院制度中，许多当年的学术课程仍然延续至今，虽然当中有的已经发生了改变，但其本质仍秉承着实证主义思想。我们应谨记自己已在不经意间接受其方法的训练，并习惯了从它的角度观察世界。因此，我们有必要在许多方面尝试重新从其他角度进行观察，以学会忘记之前所受的训练。在那些不同程度地影响了20世纪的思想之中（从尼采到海德格尔，从詹姆斯到德勒兹），实证主义不仅间接导致了一系列残忍事件（如广岛和奥斯维辛），也有着这些思想中最古老的意识形态——它从克罗诺斯之神身上祈求统一与秩序。孔德和他的门客们如今已成为历史。只有逆着实证主义的洪流而上，我们才能形成不同的观点，从而更公平地审视它的影响。

然而，奥古斯特·孔德及其学说并非孤例。如果说孔德的目标是对社会进行科学化描述（"实证主义哲学的根本性质是把所有的现象都视为不变的自然法则，我们的目标是精确发现并把可能的自然法则数量减至最少"），那么这点在查尔斯·达尔文和他的进化论中成为一个特别有趣的模式，因为它需要将精确科学进行抽象以纳入生命科学的范畴，而这一生命世界正是实证主义渴望影响的。同时代的赫伯特·斯宾塞也对实证主义思想地位的巩固起到决定性的作用。他的"社会达尔文主义"将生物科学与人文科学结合起来，认为文化的发展就像是生命周期，要经历成长、青春、成熟，它与自然界的有机循环并没有本质差别。人类的知识和文化沉浸在自然世界中，而且可以从科学的角度对其进行研究。在实证主义思想中，哲学是科学工作的辅助者；其存在的价值在于证实与解释科学，它是人类从灵长类进化而来的过程中形成的一种真实而成熟的知识形式。对于实证主义思想而言，它的目标是通过科学促进这种进化，使人走向没有斗争的完美社会，并把宗教的超越性应用于生活固有的存在之中。因此，实证主义思想将最终成为一种"人性的宗教"，并致力于将世界带入秩序和进步的境界。孔德终将写下他的实证主义教义，将自己奉为最高的教廷。这乍看似乎十分荒谬，但上述分析的确代表了实证主义思想的集大成，解释了其教条式的整体本质以及它何以必须把自己当作唯一的哲学思想来呈现。

实证主义也标志着社会学的开始。人与社会被理解为一种"遵循不变的自然法则"的自然现象，并成为科学知识的研究对象。个体被当作一种抽象存在进行研究，被当作机械式主体进行观察和试验，被当作客观统计数据进而被分解成为可预知的各种行为："社会以及人类精神的运动实际上可以从特定时期乃至特定细节出发进行预测，甚至对于一眼看去毫无规律的事物亦可如此。"然而在孔德看来，这种科学式宣告将永远只能停留在宣告阶段，它试图把实证主义思想同时发展为一种科学、社会学和宗教，但却只能依靠未来的社会进程而缺乏固定的演进。由此，我们无疑见证了实证主义对现代建筑师们的深刻影响；建筑师无力赋予工业化进程和机器以真正内容，亦无法像科学家那样自我审视。事实上，这种建筑师采取了一种教皇式的姿态，宣告他预见的（实则已展现在他面前的）变革即将来临。

这就是塔蒂观察和描绘出的世界，这里的生活方式成功结合了秩序和科学进步，像阿尔贝勒一家那样；这是对不可能的和谐生活的追逐效仿，企图使个体充分融入社会机器的运作中，是对作为实证主义统计对象的个体的拙劣模仿。

实证主义之宅中的居者是何人？激活并拥有这幢住宅的主体其本质究竟是什么？实证主义之宅中居住的并非单一个体，而是一个模范家庭，即阿尔贝勒一家——准确来说，这是一对严格遵循加尔文主义道德准则的夫妇。他们把物质进步理解为自己道德的直接结果与行将达到物质幸福巅峰的命运之所在，并如实证主义那样宁愿牺牲一部分当下。这个家庭没有任何特别之处；差异作为一种意义的形式已被抹去；家庭只构成巨大社会整体的一部分。为了达成未来的进步，个性特点必须屈从于一切人和事物的整体——对于孔德这位社会学创始人来说，个体性是抽象的。个体必须停止对存在的思考，放弃他/她的批判功能，并进入工业化和实证主义所塑造的结构之中——实证主义在此是一种超越哲学的意识形态，是一种可以创造一个新世界的独特而明确的哲学理念。这一主体正是勒·柯布西耶所谓的"普通人"（average human being），其家庭形式作为一种精神结构使正统建筑师们得以把社会行为客体化，并在"最低生活限度"这种几乎不可能成功的实验中对其进行量化。

面对这湮没于单一社会的有机家庭，居住在梦幻的现象学迷宫之中的舅舅于洛先生就像一条寄生虫；他对任何进步的想法都漠不关心，他的存在本身就反映了社会序列的荒谬，并直接解构了这样的社会系列。

于洛先生是活在当下的：他生活中的每个瞬间和境况都可被看作一种充满自我意义的自主经验。他再现了胡塞尔式的悬置，就像现象学主体与世界及其客体建立联系那样，有着同样的力量以及孩童般的天真：他也因此获得外甥的喜爱。另一方面，阿尔贝勒一家的所有行为亦具有超出其行为本身的缘由和意义。他们的目标是随着时间的推移逐步实现必然的改善；他们沉浸在实证主义的目的论式时间之中，并以世俗形式再现基督信仰的终极论式时间（这点也与辩证唯物主义相关）。这是一种预测式的、失去记忆的时间，当中无疑包含了对过去和未来的不同评判：前者不过是一种对累积痛苦的重述。从过去中产生的一切，价值都不如未来所允诺的；过去的价值，全在于它在多大程度上体现了一个社会顺着线性逻辑从低级阶段迈向进步所做出的斗争和努力。柯布西耶为巴黎做的伏瓦生规划中零散分布的历史纪念建筑，就是这种与记忆和线性时间保持有限关系的最好例子。这也是斯宾塞进化论式的时间观念；达尔文式时间与孔德的实证主义的一致性，进一步推动了社会与自然在一系列增长规律下的协同发展。功能主义和有机主义作为正统现代主义的两个派系，只不过是孔德所描述的硬币两面："人类在经历了一系列发展阶段后，其存在的状态与成就变得愈加完美。这点类似于个人作为生物存在通过一系列阶段完成发展。社会进步的必要性和不可抗拒性与物理定律同理。"

现代性的空间对未来将会有同样的投射，它将会同样地将过去几乎完全忘却，并屈从于实证主义教义的统一定律，屈从于那些在不久的将来就会将它实现的规范。平面、规划以及将规划客体化为一种控制增长的技术手段——即所谓"都市主义"——将成为这种完美的目的论式时间（一种辐射性时间）的巅峰成就。从住宅到城市，建筑平面被作为标量的自同构而进行复制操作，并使建筑师的工作、实际的技术操作变得"如物理规律一般必要且不可抗拒"。住宅的空间、气息和记忆几乎不复存在；通过平面的操作它们被完全消除，以便规范量化并把典型家庭作为生物客体。对实证主义建筑师而言，"平方米"成为新的主要标准。这有赖于弗雷德里克·泰勒在他1911年出版的《科学管理学原理》一书中把工业生产的优化技术引入私人领域。住宅室内作为一种实证主义式的物品被泰勒式分解，所有的行动都将被分解为基本单元，被仔细研究并定时分析，以便将每一项任务都重组为完全协调而互不干扰的图解。

亚历山大·克莱因设计的最低标准住宅、CIAM国际现代建筑协会对最低生活需求标准的关注，乃至他们对建筑平面和面积的运用，都代表了科学式空间节约的成功。克莱因的平面布置方法更可谓是实证主义住宅设计的完美概括。统计数据、科学原理、技术和建构，这四个要素组成了这一决策过程并成就了一系列的建造。住宅对克莱因而言已成为一个工业问题，而我们必须像研究其他工业程序那样对住宅进行分析。他那些标题醒目的著作，如《对住宅问题的科学贡献》《小型公寓底层平面的图像方法尝试》《独栋住宅：一种南向范式》等，见证了他从传统建筑师向工业工程师的转变。

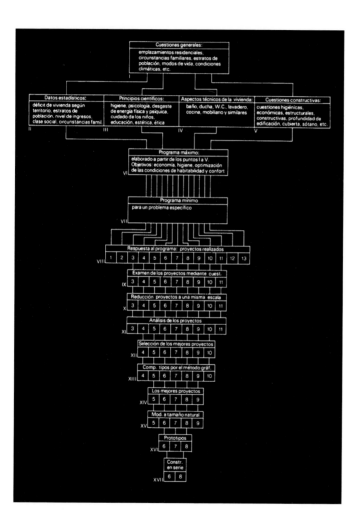

我们来看看玛格丽特·舒特-利霍茨基为恩斯特·梅在法兰克福设计
的厨房。这个厨房以及其中的工作台和工具，看上去像是木匠或工
人的作坊。在她拍摄的示范短片中，她在厨房里备餐的一系列动作
展示了她的设计带来的工作效率。这令人想起阿尔贝勒夫人在向邻
居展示自家房子、炫耀房子"性能"时由衷的自豪："这幢房子特
别实用，所有的房间都相连相通……卧室的朝向完美，全都面对着
花园"；以及她向大家吹嘘自己那干净卫生、半机械化的厨房。我
们不禁比较起她的家庭环境与她的儿子在舅舅的带领下背着父母
在市集与街头摊档经历的那些恣意且浓烈的氛围。这正是塔蒂想
要强调的：商贩与工作怠惰的马路清洁工人使环境卫生变得难以保
证；这与阿尔贝勒夫人对卫生的痴迷形成了鲜明对比——她总是在
用鸡毛掸子清理周围的一切，以达到医院式的一尘不染。

空间被量化，并被转化为动态、几何与数学剖析的产物。空间因
此几乎不复存在了：它成为一种笛卡尔式的广延物概念，呈现出
一个公平、高效、健康且辛勤工作的家庭形象。这当中既没有于
洛先生的现象学住宅那样曲折的拓扑、迷宫式的神秘魅力，也没
有存在主义住宅中关于永恒的隐秘仪式感。实证主义住宅旨在以
家庭为单位向外界展示其与其他社会组成的不同，它没有实在的、
可触发感官体验的现象学式外观，有的是医院般清洁无害的空间，
通透、明亮、洁净。实证主义空间没有密度也没有记忆；它面向的
并非过去，而是未来。

与空间有关的一切都被道德化了：它的透明性是专制的，就像杰里
米·边沁的圆形监狱（Panopticon）中公开的半透明性和可见性。
实证主义住宅几乎没有给变化、独处或享乐留任何余地。实证主义

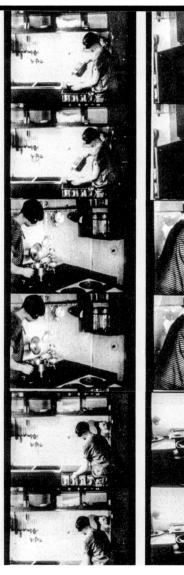

的现代流动空间与监视行为息息相关，这意味着空间特质与教化的目标有着绝对联系。这是一个在乐观未来里会呈现出意义的空间。

前面的所有论述可以总结如下：在现代空间中，私密生活被展露，家庭生活被禁止，亲密举动将受罚。当中，可见性被转化为警惕感——这对于身居庭院住宅中的尼采主义者来说是不可接受的，而隐居住宅高墙之后的存在主义者们将群起而攻之；但塔蒂在影片中透过阿尔贝勒夫妇卧室的"窗户"所作的精妙嘲讽，所表达的正是这种转化。身居高处且俯视着周围的城市，这对夫妇将成为实证主义住宅的化身并揭示其本质上对秩序和统一的警觉。实证主义住宅其实是监视的机器。

因此我们不难理解，实证主义住宅中最重要的空间，就是能以有机整体的形式代表家庭的起居室。在起居室中，实证主义主体得以表达自我，理想空间的可见性与透明性也得到了最极致的发挥。实证主义住宅中的起居室被转化为一种关键的空间元素，也是这种居住方式的象征性表达，它往往占据两到三层的空间，住宅其他部分均围绕它展开，宛如家庭版的圆形监狱。然而，这一重要的内部空间也必然有其外部的对应元素：露台或花园将成为与室内起居室相对应的空间，而二者之间往往只相隔一片精致通透的玻璃。在室外的"新鲜空气"中，在柯布西耶风格的露台上，在阿尔贝勒一家的花园里，自然与卫生、健康和进步等概念得以彰显。自然及其文化观念也将被科学视角所改变，自然将超越当时的医学成就，使得住宅和城市能够为大众带来健康：太阳的运动轴线在实证主义住宅中被应用到极致，进而延展向四周的社区（如路德维希·赫伯赛摩的设计），同时影响城市的组织方式（如在柯

布西耶的"光辉城市"这一理性式的梦魇案例中，城市大楼里的
三百万居民都得以面向太阳而居）。自然只为体育、健康和卫生服
务。它将被压制为一种扁平的"绿地"，即笛卡尔式广延物与太阳
轴向的结合。我们来看看阿尔贝勒一家的花园：花园里有鱼塘和
喷泉，会客室向室外延伸，完全暴露在阳光下，闪着耀眼的光芒，
给使用与活动带来了严苛的限定。与之形成鲜明对比的是于洛先
生带着外甥游玩的那些乡郊土地，那些空旷的大地上有着真正的
自由，在其中往往能形成最强烈的社会化形式。塔蒂由此揭露了
现代城市自然中独有的伪科学与功利主义公共空间的局限。

实证主义时间是通过怎样的物质材料在广延物与太阳轴向的组合
中实现空间化的？显然，实证主义住宅容不下任何的自然材料；
它不会像存在主义住宅那样使用平整场地时获得的石材和树干搭
建房屋。任何形式的记忆在实证主义住宅中都是劣等的：它严禁提及任何历史，亦不允许使用任何可能唤起记忆的家具——如果你对此存疑，不妨看看媒体为我们展现的那些更为极端的实证主义住宅室内。此外，实证主义只允许工业技术，严禁任何非现代的建材。它的墙壁不是古人用来抵御天气变化的厚实、笨重的堆砌墙体。其物理性能来自各种准则和规范，每种有其对应的工业材料，它们一起以最佳配比组合成一种复合的、多层的墙体，而墙体本身将沿着装配流程进行干式组装。由此，泰勒式分割就干扰了与传统联系最紧密的构成元素。但在室内，这种复杂性是完全不必要的。其关键问题在于如何把生活引入以可见度为标准的笛卡尔式卫生空间，而这一空间与任何不健康或记忆的元素都已割裂开来。因此，它的外部公共空间是一种连续的、无差别且毫无特质的"绿"，这种材料进入内部则演化为一种"白"。这一材料无差别地覆盖所有物体，强调其墙体的几何特征和纯粹连续，并为空间带来卫生与明亮的感觉。从这点上看，这种非物质性可谓极为连贯：实证主义住宅是由一种中性的"空白"材料构成的；这种现代材料不仅可见而且被整合其中，空间完全是均质的，从卫生的角度来看极为有效，同时弱化了空间的密度。

玻璃材料无疑特别重要：在我们到访的所有住宅之中，实证主义住宅对玻璃材料的运用最为极致。玻璃的制造和加工过程以及它透明的特性，都使其成为一种尊贵的材料。要知道，在正统现代主义观念中，玻璃始终是一种工业生产的材料，在尺寸控制上有着超高的标准，要绝对平整且四边平齐。玻璃透明得近乎隐形，使太阳辐射进入建筑内部。意识形态的价值观念（即实证主义的可见性）与一种技术、一种材料的出现罕见地一致：尽管理想化的玻璃其实带有许多微妙的差异（它会反射表面，以至有时看上去完全不透明；它的性质与太阳息息相关，其完美性是相对的；它是脆弱的，而本质上是一块半透明的天然岩石），但这些都不会影响玻璃透明的外观和空白干净的内部所具有的魅力与影响。它确立了实证主义的物质性，明确了其对炫目耀眼的光芒的向往，即一种关于可见性的纯粹效果。

家庭可见性的展示被进一步整合在更高级的集体机制之中。起居室的可视性被转移到住宅本身，这在实证主义住宅所在的住区中尤为明显：街区中所有的房子里，只有实证主义住宅"自愿"成为集体的一部分。家庭自诩为较高等的社会有机体中的一个细胞；它因此借鉴了傅立叶的共产庄园，从而揭示了实证主义与乌托邦社会主义之间的联系。（孔德不仅创立了社会学，还曾是圣西蒙的门徒。）需要说明的是：实证主义住宅是唯一一个与住区相关的住宅；只有现代建筑师才会通过塑造住区的形式来确立自己的思想。

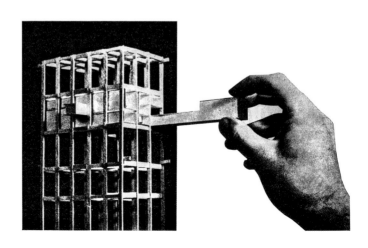

既然实证主义住宅和住区的理念将集体看作更高的价值，那住宅的最终使命就变成了塑造并成就公共空间，进而营造都市。这终究是一场启蒙运动，其中的社会乐观主义精神对实证主义影响至深：通过住宅建设来创造公共空间，建造城市。

除此以外，这种集合住区追求有机和机械、进化论和工业化之间的整合。它也将是社会的有机隐喻——细胞和有机体——的最终表达，是为标准家庭提供了批量生产的标准物件的工业化的产物：自然界的永恒规律在社会中被复制，正是科学家和现代建筑师拥有使其臻于完美的基本知识。阿尔贝勒一家所在的实证主义城市，正是建立在泰勒为工业发明的科学的完美主义模式的基础之上，当中时间和空间被分解为最小化和最优化的自主单元。电影《我的舅舅》中不同的场景序列，将阿尔贝勒一家的生活片段分割成巨大而毫无关联的块状。汽车高效行驶的镜头，工厂里工人机械式工作的场景，住宅内的家庭生活片段，花园派对的长镜头等，每一场景都有其特定的声效，这些不仅是电影中自我独立的单元，也是阿尔贝勒生活中分裂的片段；只有于洛先生在其间穿梭而无损连贯性，并把它们掺和混杂起来。

这一系列割裂的长镜头构成了现代都市，它们是《雅典宪章》的直接物化。《雅典宪章》是1933年CIAM国际现代建筑协会在从马赛到雅典的游轮上形成的一本关于实证主义的厚书，其中列出了居住、游憩、工作、交通四大类别，以便帮助我们更好地了解大城市。每个类别都从时间和空间角度进行划分，从而优化了工业社会的整体生产力。在这些最小单位的基础上，我们的教主勒·柯布西耶创造出一个终极的有机序列：这些过去单独存在的元素在

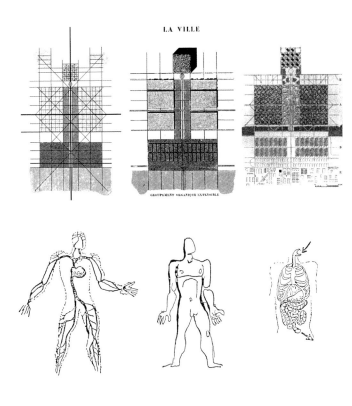

"光辉城市"中被拟人化地组织起来。在其中，科学信仰的结果就
是将个人的身体扩展为一种广义的社会团体，统一且富有秩序；
一个洁净而健康的身体暴露在日光之中。机械、科学的解剖由此
创造了一个有机的、秩序井然的社会，而其极致的完美展示了我
们对城市科学原则的依赖：都市主义。

作为对这一有机体进行规划的技术，一种达到社会圆满的途径，

都市主义将人们对工人住宅的尺度及底层平面的关注转移到整个城市，而不改变其投射技术本身。阿尔贝勒一家所在的城市由此成为一个巨大的计划机器，即实证主义的社会乌托邦。这一乌托邦只能在巴西利亚的现代主义中实现，其城市平面再次揭示了这座城市的象征意义：人类关于飞行的伟大梦想得以通过科技实现，而我们关于完美城市的梦想亦将通过都市主义的科学定律走进现实；这是一个双重的隐喻，它是机械的也是有机的，是飞机亦是飞鸟；它的翅膀在亚马孙丛林的边缘展开，无疑构建出一个伟大却骇人的理智之梦。

住宅的内部组织方式被投射在城市尺度上，而当中的关键要素仍是平面图。不同的元素通过平面上的分区规划（zoning）被平衡优化，从而达成有机且卫生的最终目标。但我们也可以从另一个角度，把住宅看作城市概念的转移：实证主义住宅的宏愿通过分区规划得以实现。面向太阳的微分区规定把不同的单元分割，使它们以最有效率的、机械而有机的方式展开：这就是著名的"居住的机器"。这种微分区正是许多正统现代主义计划中暗藏的机制。这种被应用在公共和私人领域的功能划分，是现代性的核心；塔蒂揭露出现代性是机器系统的真实反馈机制，从而引起我们对此的关注。

然而，实证主义住宅的机械化也有其象征意义。在《机器时代的理论与建筑设计》（1960）一书中，雷纳·班纳姆描述了现代建筑师和城市规划者在工业化技术现实面前的局限性："他们制造的所谓机器时代的建筑，充其量只是机器时代的纪念碑，当中表现了他们对机器的态度——好比一个人身处法国、讨论着法国政治，却仍然在用英语交流。"建筑师总是着迷于机器，却对机械技术本身一无所知。好比一位游人痴迷于乘坐游轮去领略城市以外的美景，但他真正到访科西嘉和雅典时，却由于沉迷于想象自己的理想都市而无法真正领略身处城市的历史沉淀。这位游客不会错过任何摧毁过去以建立机械式社会逻辑的机会。他在《雅典宪章》中如此写道："我们不应容忍为了过往的诡辩而忽视现代社会正义的法则。"他的这种麻木正是实证主义价值观的产物，并标志着现代城市终结的开始。它驱使我们对将要研究的20世纪下半叶其他思考和居住方式展开系统的批判。

正如孔德对实证主义生活的痴迷不在于任何特定的功能（其功能被留作日后发展），现代机械化亦缺乏机械式舒适的概念。与之相关的物质文化更关注美观而非实用，并且往往以理想的工业技术和材料为基础。至少，在这个机械化任务得以被理解的时代里，它展示出了居住的乐趣以及对在家庭中实现机械化的渴望。阿尔贝勒一家的房子表达了这种渴望及其局限性。自动工具（小屋、前门、花园、车库门）的系统故障展示了技术无能的后果，其中一点自然是机械化为生活活动带来的不便。因此，像家具这种看得见摸得着的物品以及房子本身一些尚未开发的特征，往往带来一种奴役式的生活节奏。正是建筑师的设计使居民无法通过个人的经历和联系重建空间的经验。在实证主义住宅中，个人用来构造自我意识的物质文化和空间印记都被完全剥夺，取而代之的是另一个人权威式、幽灵式的存在与无形中规定的行为准则：这个人正是现代建筑师。但凡看过《我的舅舅》的人，谁不会感受到那持续而恼人的存在呢？这种存在主宰着阿尔贝勒一家，使其失去一切的主动意识。走进他们儿子的卧室，我们会发现他已无法使自己的空间个性化，因为所有的都已被他人预设好了。我们会进而明白，机械化——至少是不完美的机械化——就空间的适应性来说是累赘。如果把阿尔贝勒一家的房子和于洛先生自己不在意经营的家相比较，于洛先生家中阳光透过玻璃渲染的光线跳跃应着鸟鸣声，在这里被实证主义住宅中的机器噪音所取代。这种所谓的舒适难道不是已沦为一种单调的视觉体验了吗？在这医院化的环境之中，我们是否已经彻底忘却其他营造氛围的感官（如嗅觉、听觉、触觉等）体验呢？

阿尔贝勒一家房子上恼人的金属环（这应是刻意从工厂建筑中复制过来的），表达了一种不完美以及对机械的盲目崇拜。机械设备贯穿在整个房子里，使愉悦感、休息和亲密关系的实现变得愈发困难。我们不妨回想一下塔蒂镜头下阿尔贝勒一家的休闲场景。电视作为现代家具的伟大图腾，把坐在名牌椅子上的阿尔贝勒一家人隔离在两端。他们与正面的窗户平行而坐，不断起身却从不前后移动，而永远背对着窗户，保持着一种荒谬无稽的坐姿，显得焦虑不安。这种基于实证主义信仰的日常生活场景，完美隐喻了实证主义住宅以及当中的实证主义构想和生活方式的局限。

然而，当今建筑若要超越这幢住宅并尝试忘却其带来的不便，其难度不在于实证主义对建筑师教育过程的巨大影响，而在于它通过对生产机制的巨大渗透而带给我们的束缚。或许这正是许多建筑师思考与规划住宅所用方式的主要工具；他们虽不相信这些方式，却常常在违心地运用。只有相信社会和自然由相同定律控制的人，才能依照现代主义不屈不挠的精神，锻造出惊人的规范化的遗产。正如"十次小组"的建筑师们希望从现代性内部克服现代正统主张时经历了重重困难，世界各地的建筑师如今仍被困在这一囚牢之中。任何希望改变这种思考及规划方式的人，所面对的任务正是如何从认识上、从范式上逃离现代性的语境。如今我们有了一个更为实在的目标：如何避免对这梦幻而单一的建筑概念做简单而负面的评价；以及，在拜访了阿尔贝勒一家后，如何不带着愤懑去看待现代主义实验。

诚然，我们对阿尔贝勒一家的探访是偏颇且片面的；如果我们考虑到实证主义住宅的历史处境、工业化带来的人口爆炸、许多实验的进步本质、一系列规范与定律带来的生活质量的提升、现代性在面对资本主义残酷倾向时的抵抗意义等，当中的价值是无可争辩的。但这就要求我们采取传统历史学家的姿态，而这种姿态不能够打动我们。打动我们的是塔蒂在创造阿尔贝勒一家的房子以及《游戏时间》中的整个商业区时投入的细节；打动我们的纯粹事实是，我们称之为现代主义的梦幻启蒙，已被转换为一种属于我们自身的传统而非抽象的历史，并已融入我们的生活；打动我们

的是，虽然这座城市建立的原则违背了我们的理解，但其本身已经成为一种属于市民而非专家的架构，一种属于我们生活的架构。若要真正理解与分享塔蒂所提出的爱与关怀，我们必须逆流而上并重新理解自我，进而将其转换为一种模糊的生活传统。我们可能并不完全认同于洛先生或阿尔贝勒一家的状况，而更向往那男孩所代表的生活：跨越两座遥远的城市，从一处跳向另一处，而且不仅仅是身体上的跳跃。作为主角，他解释了塔蒂关于世界的认识传达给我们的暧昧态度。通过他的思想，我们可以理解和识别实证主义命题的美感所在，哪怕我们与其毫无关联。谁不曾感受到勒·柯布西耶和他的追随者们最激进的作品中的美感？谁不想在那些梦幻的居住机器中住上一段时间？谁不会认同阿尔贝勒一家的房子，那有着奇怪的喷泉、医院式的厨房、达利式的眼状窗户以及被于洛先生修剪了的仙人掌的房子，其实是20世纪最伟大的建筑之一呢？谁不会被像巴西利亚一样带着进步信念的城市所展示的幻景与美感所打动，就连这个城市所在国度的国旗上还飘扬着带有实证主义信念的口号"秩序与进步"？就像阿尔贝勒家的儿子那样，我们都对自身世界有着一种迷恋；无论是爱是恨，它都塑造了我们并赋予我们生活的规则，即我们所称的"传统"。

4
度假的毕加索：
现象学之宅

我们之前在探讨住宅中的存在主义思想时有着明确的出发点："bausen"（建造）一词的词源学研究要点、桥的启发式图像和海德格尔对自己小屋的描述。现象学住宅的原型则源于两个文本和视觉参照：一是梅洛-庞蒂的经典著作《感知现象学》（1945），尤其是当中关于身体和空间的章节；二是深受建筑师们欢迎的《空间诗学》（1957），加斯东·巴什拉在此书中构造了一个现象学住宅的完整拓扑关系。但矛盾的是，和其他住宅类型比较起来，现象学之宅是最不文学化、最不抽象于经验的；它可以说是纯粹建立在一种生命态度之上的。

正因如此，我们应首先参考两个更为具体的案例，也是两个通过20世纪的经典图像资料照片和影像，我们已经非常熟悉的案例。

我们已经在讨论实证主义住宅时提到过其中一个例子：于洛先生居住的那幢（至少从功能角度看）复杂而荒谬的邻家之宅，当中的阁楼装载的梦幻世界与阿尔贝勒一家的房子形成的对比突显了两种深刻对立的存在观念。接下来，我们将通过一本记载着充满欢乐的亲密关系的书——《毕加索万岁》（1980）来探索另一个例子。在这本书中，我们将了解一种神秘而迷人的理解和使用空间的方式，一种绝对属于20世纪的居住形式，当中居住自由而富有创造力的个体可以与传统建立起不受拘束的对话。黄昏时分，凌乱的房子，全神贯注工作的毕加索，偶尔穿着内裤踱步，或是与女儿一起嬉耍。摄影师大卫·道格拉斯·邓肯到底是在毕加索的哪一幢住宅中拍摄的这组照片或已不太重要了——可能是在法国里维埃拉的戛纳的 La Californie 别墅，也可能是沃维纳格别墅（Château de Vauvenargues）或生命圣母院（Notre Dame de Vie）：这些照片表现出一种一致的居住形式。在我们印象中，它们构成了一个巨大而无秩序的住宅，充满了孩童般的混乱和随意性——这正是阿尔贝勒家的儿子在那洁净的实证主义住宅中所渴望的混乱和自由。

如果我们仔细研究这些照片，把自己代入其中的空间和居住方式，我们就可以开始在想象中建造现象学之宅。

现象学之宅的主体是谁？他如何构建自己的居住方式？为了回答这些问题，我们必须回到上述两个文本以掌握当中的技法。我们已经讨论了，胡塞尔和梅洛-庞蒂的现象学思想旨在为主体恢复主观解释世界的能力，从而推翻实证客观主义对思维形式的垄断。现象学者认为，人只了解自己的生命；生命是人的一切认识——他的激进的主观性——的唯一起点。因此，现象学者渴望重新发

毕加索和杰奎琳，
1961 年。
摄影 ©André Villers

戛纳，1957年。

摄影©André Villers

夏纳，1955 年。

摄影©André Villers

戛纳，1955 年。
摄影©André Villers

戛纳，1955 年。
摄影©André Villers

戛纳。
摄影©André Villers

现"人与世界的亲密关系"。他的哲学任务并非分析或解释，而是"描述经验"。莫里斯·梅洛-庞蒂清楚地描述了这一点："我没有能力掌握世界的构造定律：我能掌握的是我思想所及的自然环境与场域，以及我的所有明确感知。真理并不'栖居'在人的'内在'；应该说，人的内在是不存在的；人属于世界，他只能从世界中感知自我。"这一"属于世界"的主体，通过"悬置"（epojé）对世界的好奇，来掌握对事物与自我的经验。这是一种意识之于现象的孤立。它揭示了视觉的意图性，并在自我与世界、主体与客体之间创造了联系，从而形成世界与生活的自然统一。这与公正的旁观或内省的科学视野无关。在这种关系中，主体和客体是由其本身构成的。"本质还原"（eidetic reduction）——胡塞尔式的悬置——是一种摒弃先入之见、重建现象与个人感知之间直接联系的技法，一种暂停时间的技法，它尝试"囊括"知识和人类的历史性以理想地回归"事物本身"，并通过"纯粹经验"向我们展示其本质。这种纯粹经验无非是把感知奉为认识现实最崇高的方式。现象学者"看到"的这种现象中，事物本身取决于他富有意义的意图：他坚信直觉和意图，坚信二者的结合应作为自己的知识的基础。而后者则需要通过经验的强化以冻结时间，并隔离、忘记从而重新体验这种纯粹的经验。

于洛先生和毕加索都以一种直觉的、直接的方式揭示了一种现象学式的生活：于洛先生惊讶于现象并被吸纳其中，几乎与纯粹永恒的童心建立了直接关联；毕加索则在其乡村别墅中以相似的态度快乐工作，在这空间之中，他有如一个叛逆而充满幻想的孩童。

我们会立刻发现，现象学的凝视并不包含与稳定"归属"相关的时间一致性（这种"归属"是一个可以为存在主义之宅赋予意义的谱系和地方），而是把不断增强的个人与空间的联系作为一种现象的意义，当中既有情感又有理智。简单来说，这一能动的主体并不是由父权和金字塔式的家庭凝聚力体现的，而是一个面对自己和世界的个体，一个通过经验构成的敏感体，并与世界和事物有意识地联系在一起。这种体验是通过与每个元素或每个客体的独特亲善关系形成的——"强度"一词最能恰当地描述这种关系，正如"连贯性"是对存在主义之宅最好的表述。因此，"悬置"作为一种强化的技术，旨在抵抗时间和逻各斯推理，以直接地了解"事物本身"。然而，这种抽象更像是一种暂停，因为我们唤回的时间也被囊括在这种近似之中。窗后的凝神注视，被周遭世界的强烈存在所吸引的身心，表述含糊的记忆——维米尔捕捉到的日常景象使其成为他理解存在方式的中心主题——在这一景象中，住宅、世界和主体自身融合在一起，有了一个独特的专属时刻。

现象学感知由两种相互作用的个体—世界关系所驱动：一种是纯粹瞬时的，由事物和与其同时存在的主体之间的作用所触发，即前文提到的"联系"，它会成为格式塔心理学的研究对象；另一种关系中，时间由记忆和遐想所激活（巴什拉提出的概念）。要注意的是，这种记忆式时间既是追溯的亦是自我的：这是一个个体时间、一种特定的回忆。从这一意义上看，我们可以把现象学时间描述为一种停留、中止的时间。作为一种自我吸收的对象，它是自我的、个体的。这种时间属于维米尔，属于工作或闲聊时的毕加索，也属于于洛先生：它与一切由对过往和未来的怀想所推动的向前运动无关。梅洛-庞蒂把它定义为一组点、一系列的时刻、一种非线性且无方向的时间："时间不是一条线，而是意念的网络。"

对梅洛-庞蒂而言，时间暂停带来的经验激化是至关重要的。而在巴什拉看来，一切都取决于对记忆和遐想的激活。巴什拉对现象学房屋的描述需要我们运用遐想的技法，它把我们带回幼年，并把我们的第一个家作为一个关键的时刻，其中个体与世界之间的融洽关系还未被理性观察的枷锁所破坏。这是属于孩子的视野与记忆。它引出了巴什拉的方法，并把照片中的毕加索和于洛先生联系起来：他们都居住在充满个人记忆的住宅之中。

构成现象学之宅并使其极端化的主体是一个个体，他的空间经验与过往回忆以及当下的感官体验息息相关：他与过往并非先验式的线性族系联系；他的过往是内在且个人的，与婴儿时期有关，与隐密/发现的双重行为有关。现象学主体是你我内心深处的孩童，他在想象中的出生时的家中享受着悠然长假，在那里人群的欢聚会导致日常家庭层级的增加以及随之而来的消解。

如果我们想用这种当代思维方式进行思考和规划，就必须努力学会完全忘记并重新培养自己的智慧与感官，从而通过主体的双眼来观察世界（与建筑）。这一主体毫不关心至今仍有影响力的实证主义住宅理论。这一学习过程看似简单，却是一个艰难的过程。它迫使我们回到过去。一个孩子般的建筑师该怎样设计住宅？他/她会注重哪些方面？当中最主要的想法是什么？从现象学的角度来看，住宅首先应是一幢宽大的家庭度假别墅。这是一幢巴什拉式的住宅，有地下室和阁楼，有秘密的角落和狭长的走廊。它由无数个房间组成，空间类似迷宫。这是一个时间并置的网络，当中不存在任何能够描述这所住宅的层级或功能布置。恰恰是这种令人惊奇的累聚，这种多样的微观世界，构成了它最纯粹的经验。

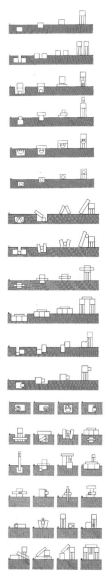

现象学之宅是一个多样的微观世界，每个微观世界的特征都源于其与众不同的拓扑属性。就像孩子们画的室内图画一样，它把整体作为一系列自治空间片段的总和，且没有任何统一性或终极的连贯性。房间和事物不断扩散，其关系只能通过介词来描述。这一组织方式的分类法已经被史蒂芬·霍尔研究并付诸实践。他通过制定不同的关系图表来描述组织2、3、4个元素之间不同的位置的方法；实现这种组织方式，需要把任何潜在的空间整体分割为不同的自治房间或大厅。由此，我们希望再造了洛先生居住的阁楼或是毕加索居住的地中海别墅中那种充满了诗意的不合理性。然而，如果只关注特定的复杂性或拓扑变化，我们也可能过分简化了其备受关注的多样性。复杂性与拓扑变化只是其基本条件，而多样性的激活则有赖于其与自然环境的独特和谐关系，即空气的多样的感官模型。

正如我们在维米尔画作或毕加索的室内空间中所看到的那样，现象学之宅通过搅动空气，通过整体激活其惰性来构建其空间思想。现象学之宅中的空间不再是笛卡尔式的科学主义的中性延伸；它作为一个实体，当中"栖居"着刺激、反应、指向、欲望和影响，这些都引导着、期待着并将意义赋予包括我们身体在内的事物。所有预设的客观性都被推翻，以促进一种主动的存在，这种主动存在通过个人主观与物理现象的相互作用而被极化。

越来越多的建筑师开始关注现象学所引发的空气激活，主要途径是通过一些经典的现象学文本，如《感知现象学》（1945）和《空间诗学》（1957），以及关于格式塔心理学的文本，如库尔特·考夫卡的《形式心理学原理》（1935）、沃尔夫冈·科勒的《形式心理学》（1947）和鲁道夫·阿恩海姆的《艺术与视知觉》（1954）。因此，视觉和现象知觉成了一批重要的专业写作或直接或间接的出发点，其中包括乔治·凯布士（麻省理工学院高级视觉研究中心主管）所著的《新景观》（1956）、凯文·林奇所著的《城市意象》（1960）、克里斯蒂安·诺伯格-舒尔茨所著的《建筑意图》（1967）和爱德华·T.霍尔所著的《隐藏的维度》（1969）。这些著作决定性地将理想的现代空间引向更为先进的环境观念。阿尔多·凡·艾克、约翰·伍重、尤哈尼·帕拉斯玛、胡安·纳瓦罗·巴尔德维格、史蒂芬·霍尔，他们都是深受现象学理论影响的重要建筑师。

胡安·纳瓦罗·巴尔德维格 1976 年在 Sala Vinçon 展厅创作了一件装置作品，它最能清晰地将现象学空间的概念整合起来。它使时间停留在一个特定瞬间，视线停留在一个快乐时刻，令人回忆起婴儿时期的失重体验；通过在维米尔式的场景中线条和向量的运用，使光线留在其自然的焦点——窗户。所有这些元素，包括摄影镜头恰在孩子视线的高度，都使笛卡尔的中立性和延伸性被打破，从而释放空间的存在、意义和意图。在这个空间里，自然环境并非尚待接触的外在，而是住宅活动的一部分，塑造了当中的感官

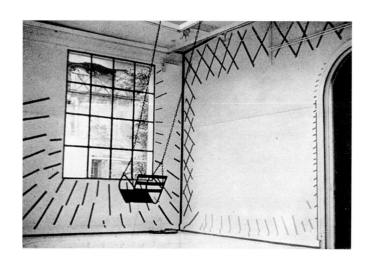

体验并使其意义延伸到拓扑的复杂性上。安吉尔·冈萨雷斯描述了胡安·纳瓦罗作品中的这种现象相关性："事实上，胡安·纳瓦罗在维米尔的房间里发现了他自称为燃烧现实（burning reality）的感觉。卡拉瓦乔的忠实追随者允许从不完整的阴影和肌肉中逃离的所有证据和存在，其特征都在这些房间里被激活了，比如：物品的坠落、它们的重量和象征、闲散的凝视和间或的对视、微弱的对称、来回的流动方向、光和空气的痕迹，等等。或者像胡安·纳瓦罗隐晦暗示的那样，这是一种相互关系和影像的紧密结构。"这种燃烧现实之感我们很容易从胡安·纳瓦罗的房间到巴什拉经常提到的紧凑的大宅中感受到，二者的差别在于不同的气味以及因居住空间布局差异而带来的不同光感——我们应再去观察毕加索的房间，并注意其与他女儿帕洛玛跳绳的那张照片的相似性。当中的水平空间布局的拓扑复杂性是通过把房间布置在庭院周围而实现的，布置在外围的房间以及各种过渡空间只是为了在当中营造一个显著的自然环境。

由此，我们掌握了巴什拉和梅洛-庞蒂已然指出的双重性：一方面是一栋散漫的老房子，犹如一个绵长的假期；另一方面是更为现代、扩张式的横向布置；这是一个有纪念性且正在强化的布局（当然，这不是排他的，而是拓扑选择的多样性的结果）。

因此，现象学之宅与存在主义之宅对表皮有着截然不同的概念。现象学的表皮是非常复杂的。它是一个情绪过滤器，刚硬而敏感，当中并没有暗示任何形式的栖居地或表达"稳定"的东西。弗朗西斯科·哈维尔·萨恩斯·德·奥依萨经常描述现象学者眼中的住宅是"一个半开放的有机体"，即一种连续的过渡，一种过渡空间，这里互通交换被合法化，错综的复杂被组织起来。因此，这个住宅的关键之处不是海德格尔式的动荡（这种动荡只能让人联系到防御式的住宅，当中的居民被囚禁在无可言说的空间中），而是一种独特的现象学光芒——风雨将为这地中海黎明之光所止，繁花将再度盛放在自然之中。

马略卡岛上的伍重自宅与胡安·纳瓦罗在坎塔布里亚设计的住宅都是现象学住宅的杰出案例。尽管现实条件约束重重，但这两栋住宅在其布局中塑造的敏感表皮都与特点的现象相关：前者是关于地中海的气候，后者则是关于大西洋的气候。这两幢住宅可被分别称为"光宅"和"雨宅"。它们迷宫般的布局随着景观和地形发生变化，从而最大程度地强化人在当中的体验。雨水顺着房顶流下洗刷着雨宅，雨水渠成为一个叠加的天篷；光宅则期许与大海

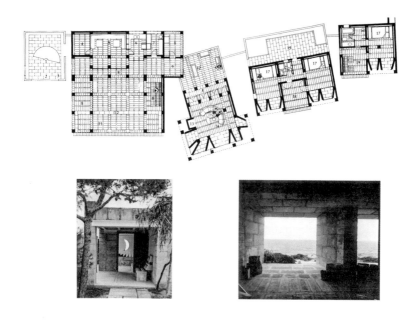

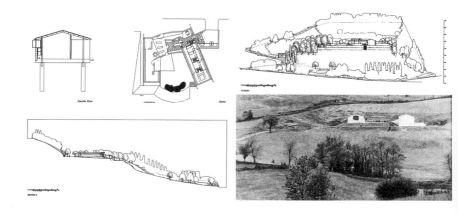

相遇，它的窗户在阳光作用下被极化，进而融入住宅，表现了现象学之宅及其居者与自然环境保持的一种间接而积极的关系。这与存在主义之宅中的防御性、实证主义之宅中的极端洁净以及尼采式住宅中的无尽沉思都大相径庭。

如果要把这种人与自然的关系化作设计方案或草图，我们可以想象，这幢现象学之宅中的居民会亲自打理他这座构想的花园，如果气候允许，花园中会有果园、果树、花和鸽子房。这种创造性的关系在更高层次上会成为毕加索在我们记忆中锚固的那些窗户，透过这些窗户他为我们呈现了丰饶而美丽的地中海，以及现象学之宅的体验。

由于空气在生成空气之边界上的重要性，现象学之宅的材料性值得我们深思。按格式塔心理学的说法，"图"的"底"即为空间。因此，它也就不需要任何特定的材料类别或预定的意义，而是可以无差别地运用人工或自然材料，特别是专门地或混搭地使用它们，正如光宅和雨宅这两个例子所展示的那样。这种材料的运用旨在达成其触觉感官而非技术或建造上的一致性与经济性。材料的选择标准将通过纹理、反射色温、房内的声音与自然元素的结合来决定——水面、树冠的阴影等自然元素将被当作真正的建筑材料。这种不受限制的、感性的材料运用，更像是拼贴匠而非工程师的做法，更注重触觉而非构造。

我们再回到毕加索家里的室内照片，分析一下现象学住宅里的组织逻辑。这些照片呈现的似乎是一片华丽的混乱，或者说是一组个人物品的丰富陈列：画布、颜料和画笔、椅子和桌子、盘子和陶瓷，无秩序地随处堆放。我们仿佛可以嗅到房间中的气味，或是看到房中的颜色和紊乱（这更像是一个集市或一间儿童卧室），同时感觉到这座拓扑式的迷宫（我们用这个概念来描述这幢住宅多重的微观世界），它转移到了霸占空间并使空间蓬勃生动的家具和物件中，连续不断地成倍增长。

现象学主体总是乐于收集充满个人感情的物品。这些物品组成了他个人行为的记忆。然而这种组织方式本身缺乏秩序与层级，就像是现象学之宅那样有如一种迷宫式的布局。现象学之宅中的居者通过这种个体的、迷宫式的组织方式居于其中。这些各不相同的房间与一系列个人化的物品是这些室内的永恒主题，当中最重要的概念是"私密"，而非其他如舒适、功能或奢华等家居价值。

现象学之宅中的居民通过与物品建立本质上的、情感上的和谐关系来获得幸福，他通过物品再造了一个可以拿儿童玩具当作精确参照的微观世界，因为他对周围世界的任何技术视角都毫无兴趣。物品强调了现象学之宅的个人、私密及童心本质：空间中布满了箱、橱、柜、盒子和钥匙，等等。这是一种对住宅构思层级体系的标量分解，在无损强度的情况下，甚至可以延伸至抽屉内部的气味。由此，住宅的建筑和其中的使用之间就产生了一道分界线。这一分界用传统术语可以解释为对细节（即"装饰"）的强调，以至它构成了现象学方法的重要部分；这里展现出的对细节的强调，甚至要多于对构造、结构或能源方面的关注。

同样，如果着重研究公共与私人空间的关系，我们会发现，现象学之宅中这种关于多样性的微观机制已从住宅尺度延伸到城市尺度。1956年在杜布罗夫尼克召开的CIAM国际现代建筑大会上，建筑师们提出以卡斯巴哈式迷宫空间布局取代现代主义的极端纯净，并用四种与直接经验相关的概念——房屋、街道、街区和城市——来代替《雅典宪章》中阐述的四种功能。同样地，罗马温泉浴场的空间复杂性及其建立起来的与人体和自然界的感官联系，就成为一种与皮拉内西（Piranesi）呼应的建筑模型——这直接影响了柯林·罗和弗雷德·科特所著的《拼贴城市》（1981）以及阿尔多·罗西的类比城市，后者将城市看作一种关于记忆和个人关系的拼贴。因此，现象学城市是零碎的、阶段式的、复杂的；它是经过时间沉淀积累的复杂元素的综合。

"为什么我们应该感怀未来而不是缅怀过去？我们心目中的模范城市难道不能容纳我们已知的心理构成？这个理想城市难道不能既是预言的剧场又是记忆的剧场？"在《拼贴城市》中，柯林·罗和弗雷德·科特提出要追溯回忆，并通过去语境化的并置手法来完成体验：这是一个完全由记忆元素组成的城市，它与《雅典宪章》中的空间组织类型和手法完全不同；这个城市的完美化身应是《拼贴城市》开篇引用的大卫·格里芬和汉斯·科尔霍夫绘制的城市片段，以及阿尔杜伊诺·坎塔佛拉受罗西启发绘制的类比城市图景。

在《拼贴城市》中我们能看到与现象学住宅同样的二元性：一为纪念；二为感知的格式塔强化。我们观察到，如果作者所对抗的现代城市以格式塔心理学的标准来看是被谴责的，那么书中提出的方案就是按照传统的纪念模式来组织的："毫无疑问，从格式塔标准的感性表现的角度来看，现代城市只能被谴责。因为，如果对物体或图像的欣赏与感知需要某种基底或场域的存在，如果对于这种封闭场域的识别将成为所有知觉经验的先决条件，如果场域意识先于图像意识，那么，当图像不被任何可以识别的参照系所支持时，它只会衰弱和自我毁灭。"为了应对这种图底关系的缺失，作者提出要回归传统空间性，而且并非基于特森纳式的小城镇类型，而是通过塑造重要的历史城市片段，形成复杂而巨大的大都会模式。威尼斯、罗马、柏林、伦敦、巴黎和纽约，这些文化旅游城市都将被列为要分析和学习的典型对象。需要注意的是，这些城市并不抗拒功能分析；正是功能上的过度使它们令人难以忘怀。除了"拼贴城市"这个概念带来的技术问题以外（不难想象，这种地方最终会变得像文化主题公园一样），最有意思的一点是，意识

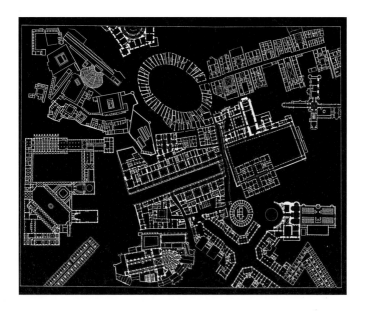

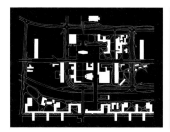

到现象学论述的典型特征是把经验作为一种独特而确切的存在，
而缺乏其他逻辑推导出的抽象模型。另一方面，塔蒂比柯林·罗和
科特更明白一点：于洛先生所在的城市不仅包括公共空间和古迹，
还包括他对于当下城市的美好愿景。这不仅包括传统的社交空间，
如咖啡厅、市场、小广场等，还有一些小块的荒芜之地：就像漫无
章法的毕加索住宅一样，这些地方的全部意义来自它们被赋予的
用途，来自我们利用它们的方式。

我们会发现，这里的公共空间是一种对感官刺激和构成现象学式
时间性及空间性的思想意图的物化，我们可以用类似毕加索使用
他的夏日住宅的方式，来理解资产阶级的现代城市。由此，从规
划的角度来看，现象学城市以及它所指涉的公共领域的要点就是：
中止所有线性策略、质疑客观主义方法、对经验的主观模型重拾
信心。卡斯巴哈、"模糊地带"和罗马浴场正是最为典型的现象式
公共空间。

毕加索和于洛先生整合了现象学的私人和公共领域，构成了一个

远离虚无主义超人英雄人物的居所。现象学主体不同于实证主义者的社会屈服，亦有别于海德格尔式的内在自我。正如梅洛-庞蒂所描述的那样，"他完全属于整个世界"。他的设计技法关注于为这一思想寻找物质形态。光是模仿孩子的视野显然是不够的，而纯粹从几何问题转移到拓扑问题，或是运用空气、阳光或者其他物质也是不够的。毕加索的例子清楚表明，这位投身世界的主体经历的一切所激发的惊讶引发了各种技术的使用，像一个业余爱好者或拼贴匠而非科学家或工匠。拼贴不仅是思考城市时的参考，也是建筑师—拼贴匠的一种技法。这种技法与工程师的优化方法完全不同。克劳德·列维-斯特劳斯在《野性的思维》（1962）这本向梅洛-庞蒂致敬的书中提出了这个观点，马上就被柯林·罗和科特接受了："拼贴匠乐于承接各式各样的任务。与工程师不同，他的工作并不受原材料是否可得、为了此项工作需要特地制造工具等条件所限制。他的工具是有限的，而且他奉行'有什么就用什么'的原则。也就是说，他的工具和材料都是数量有限、类型混杂的，因为他手边现有的工具和材料与要进行的项目毫无关联，与任何项目都毫无关联，而是从过往翻新或维护、建造或拆卸项目中遗留下来的。因此，拼贴匠所拥有的资源不能被单纯地归于一个项目——工程师就恰恰相反，起码在理论上而言，有多少种特定类型的项目，他们就有多少套专门的工具、材料和'设备'。拼贴匠的资源只能依照它们的潜在用途来定义……因为它们是秉着'将来可能会被用到'的原则被收集和保存起来的。这些工具和材料的专门性有限，足以让拼贴匠在应用它们时不需要依赖专家或是任何专业知识团队，同时也意味着它们每一件都不只有一种固定用处。它们代表着一套真实及潜在的关系：它们是'接线员'，但也可以被用于相同类型的其他操作。"

这种多元的异质运用正是与自然共鸣的关键，其中多样的异质空间和感官体验带来了现象学的视野。这种多元性在一种非线性、非等级式的过程中将项目的注意力和工具分散了。回顾亚历山大·克莱因的线性和分支方法模型，我们就可以理解这一图像与这位规划师立场上的实质性差异：此处的图像更像是一种"分散的意图的网络"，当中没有明确的起点或终点。这正是于洛先生的想象力和毕加索无穷的创造力所在（如果毕加索这位伟大独特的人物可以被简单用作一个例子的话）。这里没有任何企图达到的最终产品，它不是那种我们已事先了解了其典型特征的住宅，也不是一个有若干固定步骤的过程：现象学之宅代表着一种思维和感官的流浪，它不知晓也不期盼达成任何预先设定的形象；恰恰相反，它尽其所能去避免这种预期与先知。

在旅程最后，让我们走进雨宅和光宅，观察建筑师对其中悬停时刻的关注。在这些时刻里，那些实证主义的陈词滥调（结构、表皮、有效布局）、平面分析和从一般到特殊的总结方法，都无法解释这些住宅背后的规划技法和意义。到访雨宅的人们首先看到的是拱顶下摆放的陈列橱，橱柜里展示的不同物品收藏展现了业主的独到品位，并以一种欢迎的姿态塑造了入门的景观。在橱柜一侧的两条通道使原本较小的房子复杂程度大大增加；外墙不仅可以存放物品，也为房子提供了应对环境的保护。通向房子的路径充满动态，仿佛是一场芭蕾，大大提升了房子所在山谷的风貌。

光宅借着明媚的气候条件，通过在室外构建房间来找寻感官体验。它通过把自己分解成若干部分来夸大尺度，从而产生规模更大的效果，同时使用起来也更加自由。它与阳光、海洋和峭壁所界定的自

然环境形成了一对一关系；重要家具的摆放方式被固定下来，进而成为永久的建筑。

住宅中的这些时刻有赖于在其中居住的经验。它们以一种非随意的方式取代了正统现代主义寻求感知强化的其他时刻，将这种追寻转变为一种具体设计方法的展开。

我们已经讨论过这种理想化住宅中的度假氛围，在定义现象学方法时，似乎也有必要坚持这种前提，因为休闲的假期及其引发的独特感官错觉是人人都有的体验，这会使我们明白其与传统功能主义理想的距离。我们该如何想象理想的度假住宅？它建立在什么样的幻想之上？是否有人关注过其平面的合理性、过渡空间在面积上的经济性、其作为住区中的一个单元对整体所起的作用、结构和外观上的模块韵律，还有建造环境的更新的技术作为一个可供选择的因素？那种慵懒、感性的度假氛围，那一尽管是虚构的然而丰满的时刻，又有多少可以被引入城市、住宅以及日常的亲密场景？我们该如何思考，才能构建出毕加索式的空间？我们该如何构建项目的逻辑？

也许我们应该在此强调，现象学之宅与我们先前到访的其他住宅有着显著的区别：它既是规划者决策的结果，也是决策承受者体验的对象。换句话说，建筑本身就是现象学式的。所有的住宅都以物体的形式呈现在人的面前，它们都是现象学式的，因为建筑这个学科主要研究的就是这些关系，并提供数据以加强人对这些物体的体验。因此，现象学之宅引导我们通过自己的生活经验来质疑实证主义的固有方法，它给建筑师提供的技术信息犹如一道"美食"，任何想要冲破实证主义囚笼的建筑师都无法忽视。但如同在艺术领域一样，现象学之宅也有自身的局限性。其中最常被指责的一点在于其批判性与政治立场的缺失，而空有一种高调的"感性"个人主义。这种批评一直伴随着这一当代思想的许多表现形式。现象学的另一个不足，特别是在巴什拉的读者中，在于其沉溺于过度表面的怀旧思绪，沉溺于一场永久的自我吸收以及纪念性的空自幻想。

现象学者抛给我们的挑战恰恰相反：如何恢复经验的复杂性；如何把乡郊大宅中的拓扑迷宫迁移到不足一百平方米的住宅和公寓里；如何在面积和技术手段都有限的前提下把房屋外表组织为一种半开放式的表皮以增强感染力；如何把毕加索享受悠久、愉快、旺盛创造力的假期时的豪宅，与那些令人沮丧、毫无特色的郊区住宅联系到一起。我们完全有理由放弃这种追求，因为现象学实在美得毫不真实；也许它注定属于精英主义，只有在情况允许之时才会显示其魅力。建筑以及我们的时代往往太真实、太残酷，以至于容不下现象学视野的复杂天真。然而，于洛先生虽然明显缺乏资源，却仍能在城中心的狭小空间和城郊的广阔区域内，以一种诗意而丰富的状态生活着——这说明，想象有时可以克服苦难。

5

"工厂"中的安迪·沃霍尔：
从弗洛伊德-马克思主义公社到
纽约工业阁楼住宅

我们接下来要展开一段相对诡异的旅程。我们需要在脑海中把卡尔·马克思、西格蒙德·弗洛伊德和安迪·沃霍尔这几个迥异的人物联系起来，从而理解"都市公社"这一现代现象的出现和扩张。都市公社不仅有其社会和政治意义，同时也是一种现代生活的原型。过去数十年间，工业阁楼住宅（loft）作为一种生活空间的商品化，已经证明了都市公社的吸引力和时效性；它不仅是一种"另类"的居住形式，更是这个时代中又一思考、规划与居住的形式。

威廉·赖希在他广受欢迎的《性革命》（1945）一书中把弗洛伊德和马克思思想融汇起来，分析了俄国革命时期公社中的日常生活问题。这一经历和批判被20世纪50和60年代的反文化潮流所吸收，并引发了一种新的生活方式和新的群体——美国所称的"垮掉的一代"（尤指生活在纽约的一小群画家），他们把这种生活方式与一种居住技术联系起来，即占用与改造废弃的工业空间——阁楼。其中，最引人瞩目的阁楼生活非"工厂"（The Factory）莫属。"工厂"是一个创意公社，其灵魂人物安迪·沃霍尔其实从不在里面过夜（他睡在附近他母亲的公寓里），而且对马克思、弗洛伊德、赖希和整个当代共产运动都毫无兴趣。但尽管如此，"工厂"依旧凭其巨大的魅惑光环，为这种生活方式赋予了魅力，并"塑造"了其建构上的形式。事实上，它是20世纪最广为人知（至少在文化上）最有影响力的公社生活的尝试。沃霍尔本人的魅力赋予了阁楼住宅一种独特的诱惑力，当中既结合了公社传统的进步和竞争魅力，又富有60年代的地下氛围。

矛盾的是，这个位于资本象征的城市里、居住着崇尚资本主义之流的高度资本化公社，却推动了无政府主义生活方式的思想高潮。这一思想注定有着不可预见的未来，关乎家庭系统维持自身的能力，以及独立生活作为一种自由选择的生活方式其吸引力的日渐增强。

但是，像独立个人或家庭一样，公社并不仅仅是一个专门的社会组织：它是一种生活、思考和营造私人空间的方式，并且具有鲜明的建构特点——这正是我们这次探访要关注的。我们将谨记这一点，进入安迪·沃霍尔接待我们的巨大空间。毫无疑问，这一巨大的银色空间混乱而诱人的外观令人感到愉悦，其姿态带有一种轻松的快乐，仿佛在描述一种独特而毋需过多修饰的居住形式——它与正统的道德观念及支持这种道德的家庭结构无关，亦无关其他意识形态：它企图将最自由的创造力延伸到最亲密的关

安迪·沃霍尔，1964年
©Billy Name

安迪·沃霍尔在
"工厂"里，1965年。
©Jon Naar

小野洋子、安迪·沃霍尔和
约翰·列侬，1971年6月。
©David Bourdon

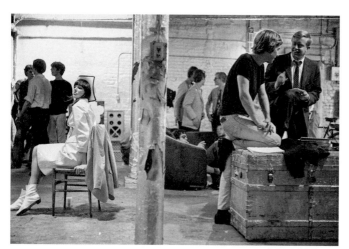

"工厂"内：
露伊·尼科尔森（Luy Nicholso
查克·韦恩（Chuck Wein）、
彼得·诺尔（Peter Knoll）、
丹尼·菲尔兹（Danny Fields）、
安迪·沃霍尔及其余众人。
©Stephen Shore

"工厂"内部，1964年。
©Billy Name

安迪和香蕉及自画像。
©Billy Name

系之中。这所房子本身就是一个常年开放的地方，一处派对娱乐
与工作的场所——它往往把工作当作娱乐。它反对排斥他人，拒
绝派对的圈子化，幸运者或落魄者皆可参加这场派对。它为博物
馆创作艺术，为大众创作音乐。它有自己的宣传机制，如 *Interview*
杂志等，并借此提高纽约的城市品位。这个地方不再把自己当作
异类，而是公开地占据公共空间。

为了进一步熟悉这个空间，我们不如先遵循沃霍尔的传记作家之
一大卫·鲍登的导览："沃霍尔不得不在1963年底搬出消防站。
他四处寻找，最终在第二大道和第三大道之间的东47街231号，
找到了一个位于四楼的大阁楼。这个阁楼距离中央车站只有几个
街区，面积大约50英尺×100英尺（约15米×30米），南面有窗，
面向街道，俯瞰范德比尔特基督教青年会（Vanderbilt YMCA）。

安迪在窗户附近用工作台设置了他的绘画区。大楼里有一部货运电梯（其实就是一个金属框架和几片地板）可以直接抵达阁楼的一个角落。在靠近出口楼梯的北墙上有一部付费电话——这是个明智的选择，因为前室友的长途电话账单，他已经躲着电话公司好几年了。探访安迪的人们把这儿称为'工厂'，因为里面总是在创作绘画或拍摄电影。……沃霍尔邀请比利·林力希设计他的新工作室，林力希最后成了'工厂'的管理者兼前台接待。他用铝箔覆盖混凝土墙和天花板的三个拱，创造出一个银色的世界，同时在粗糙的砖墙上喷上银色油漆，把它变成了一个闪闪发光的表面。他继续喷洒直到闪闪发光的金属银几乎覆盖了所有的东西——桌子、椅子、复印机、厕所、肢解人体模型和付费电话。他甚至在地板上涂上 Cu Pont 铝涂料，但因为人来人往，地板每两周必须重漆一次以保持光泽。林力希花了大量的时间修复'工厂'，他对苯丙胺颜料的想象力毫无止境，最后干脆就住在了那里。……搬到沃霍尔工作室几个月后，有一次他在午夜外出时注意到 47 街靠近第三大道的人行道上有一个被丢弃了的笨重沙发，就把它拖回了'工厂'。这个褐红色沙发两端向后弯曲，上面有灰色条纹，它不仅成了房子里的重要装饰，还是次年拍摄的电影《沙发》中的主要道具，那部电影捕捉了各色人等在这里的社交与性活动。"

听听沃霍尔自己是怎么说的："地理位置很棒，位于第 47 街和第三大道。总能看到游行示威者从这里经过走向联合国，教皇也曾坐车经过第 47 街去往圣帕特里克教堂，还有一次我们见到了赫鲁晓夫。这是一条宽阔的街道。当时很多名人会来工作室，我猜大概是来围观正在举行的派对，有凯鲁亚克、金斯伯格、方达和霍珀、巴尼特·纽曼、茱蒂·加兰、滚石。地下丝绒乐队当时也已经开始在阁楼排练，那正好是我们1963年的国内路演之前。似乎一切都是从那时候开始的，反文化、亚文化、流行音乐、超级明星、毒品、灯光、迪斯科舞厅——一切我们以为的"年轻就有可能"大概都是从那时候就开始了。当时总有派对，不在地下室里就在屋顶上，不在地铁里就在公共汽车上，不在船上就在自由女神像那儿。人们永远是派对装扮。地下丝绒乐队当时在Dome经常演唱一首歌，《所有明天的派对》。那会儿下东区刚刚开始摆脱移民区的形象，变得时尚起来。'可怜的女孩要穿什么衣服/去所有明天的派对……'我很喜欢那首歌。地下丝绒演奏，妮可主唱的。"

这种生活方式由何而来？它的主要参考是什么？在开始研究纯粹的建筑细节之前，我们理应探讨一下这种生活方式复杂的前因后果。它是20世纪典型的生活方式，但也像公社一样，经常令人感到沮丧。

早期乌托邦社会主义者（如圣西蒙、傅立叶等）和一些清教徒都曾提出过新的社会组织形式，19世纪初的美国为这些新的社会组织形式提供了一片应许之地。这些意识形态上截然不同的运动不约而同地提出了一种社群式生活方式：没有亲属关系的集体选择分享共有空间，并在其中开展各种专门活动。

公社思想背后使徒众多，但我们将集中研究马克思和弗洛伊德这两个人物。正是他们的研究颠覆了传统主体及其在危机之中的居住方式。在马克思这里，公社是对于社会的革命性理解的必然目标，即唯物主义要求一种激进的集体行为：马克思主义主体一直在进化，其个人认同并不来自个人或家庭的身份，而在于集体内部，即社会阶级。马克思主义解构了哲学神话中人被赋予的充分个性和思想自由，将其纳入社会群体即由生产关系决定的阶级之中，在这里获得自由是生产力变化的结果。人并不发明任何东西，他也不是自己想象中的个体；他是物质生产条件和社会关系的纽带，只有通过社会斗争才能在历史上获得与自由一体的命运以及作为自由人的尊严。

这种经济—历史分析对古典人本主义基础的解构，加上精神分析，将为人本主义主体（humanist subject）带来双重打击。弗洛伊德表明，"自我"（ego）与"自性"（self）之间的激进偏离，将颠覆马克思主义中人的概念：如果说马克思主义关心人的永恒存在及目的论，寻求未来其自身冲突的解决，弗洛伊德则开创了一种朝向内心的自省视野，即从过去及无意识中寻找解决之道。弗洛伊德式的人在个人化的自我认知过程中获得相对的自由：他认识到，他的教育和家庭的社会化过程源自一种压抑的机制；在意识到自尊价值和自我失衡后，他开始学会与正在消退的自我——即精神——和谐相处。弗洛伊德式的人不但没有意识到自己的社会性，其心理人格结构亦是割裂的，没有任何完整性。这种盲目追求正是"本我"（id）的一部分；它与"自我"相斗争，而"自我"正是"本我"为适应外部世界而改造的部分。"超我"（superego）是人在儿时对父母的依赖沉淀的结果，是人控制和引导本能的需要，意味着人对社会性的需求。

因此，人的整体被双重割断：他一方面被一系列决定其社会地位的生产关系所包围，另一方面则陷入个人心灵的失调。历史唯物主义和精神分析都对人本唯心主义、中心主体及其对个体、理性和世界之间和谐关系的本体论认识提出质疑：这一切——自我、理性和世界——都将失去其客观性，并被碾成碎片，作为一组抚慰式的构造，唯心主义中隐含的幻象的产物，被展示出来。

威廉·赖希在把精神分析学和唯物主义两个学说融会贯通为一个新的社会学科的过程中，批判了这两个学科各自的局限性及其互补潜力。在赖希看来，个体对内心冲突的解决是一种资产阶级意识形态的遗留物：内心的解放不是被制作出来的，因为不可能，除非在社会层面上才有可能发生。因此，我们必须对社会结构进行批判。社会结构中作为生产单位的家庭——赖希称之为"专制家庭"（authoritarian family）——也是社会生产关系的媒介，以及通过亲子关系完成的阶级斗争的媒介。因此，我们必须联系起两种关系：一方面是唯物主义及其对平等的要求，另一方面是关于生命和性的不同认识过程以减少对精神的依赖并促进性的能量。赖希提出公社是一种联系自我与世界（世界也意味着工作）的新的社会形式。新的主体的建构需要私人和公共空间以及两者之间关系的深刻变革。马克思和弗洛伊德主要关注"家庭"的公共意义；赖希则提出，家庭内部生活的压抑与普遍的压抑息息相关，正是家庭导致个体对社会秩序的唯命是从：家庭是社会控制的法定化的代理人，因为它保证了"社会的经济体系在心理层面上可以批量化复制"。

赖希对嬉皮运动领袖和1968年五月学生运动领导人的影响是众所周知的。在此期间，与赖希一同广受关注的还有赫伯特·马尔库塞和亨利·列斐伏尔。这两位深受赖希影响的思想家关于日常生活以及威权家庭模式的马克思主义和精神分析学批判，被居伊·德波和国际情境主义以及其他许多直接行动派所接受，他们主张应对既定秩序作出巨大改变。马尔库塞和法兰克福学派（霍克海默、弗洛姆、阿多诺、本雅明）使人们开始思考家庭中出现的独裁的极权主义现象，我们如今认为这带来了危机时代新的领导人的出现。对这些人来说，新的生活方式的实验不应仅局限于纯粹的群居。首先，必须抹除威权主义的所有痕迹，如最早的无政府主义思想家所主张的那样，这就需要心理分析式的训练以及对无等级式社群生活的尝试。于是，在实践中出现了以学徒身份富有创造性和乐趣地对专制做法进行消解而达到共存的状态。这种方式受到约翰·赫伊津哈关于人类社会中玩乐的研究的启发。赫伊津哈的著作《游戏的人》（1954）把人际关系理解为对非生产性娱乐的有序寻求，它对20世纪50年代末和60年代初出现的反文化（counterculture）运动起到了重要的影响。反文化被理解为既定文化的反面，其最鲜明的特征在于其反独裁主义、原创性、创造力、自发性、爱情、乐趣、愉悦、玩乐、直接行动、部落精神和公社。柏林的K1和K2公社成为这一新活动的象征。

与之一同出现的还有前所未有的日常问题：任务分工、工作任务的轮流特征、夫妻关系与非对称关系的形成、经济支持、领袖和部落倾向的出现、卫生环境，等等。这些问题训练了反集权运动在一个私密领域内进行，也部分导致了当今世界的一种传统场景——"占屋者"（squatter）的产生。

这一切与安迪·沃霍尔对包括马克思主义与精神分析在内的所有意识形态的高度怀疑有什么关系？沃霍尔作为一位崇拜美国与美式生活系统的人，他的戏仿何以比其他论述更有批判性？"工厂"与公社当中独特的复杂空间构建又有什么联系？

考虑到美国（尤其是纽约）文化对欧洲先锋思想的消解和去语境

化，我们不难透过"工厂"的氛围理解其与其他公社的联系。"工厂"中弥漫着派对和创作（绘画、电影制作、音乐等）的氛围，从中我们可以理解国际情境主义关于个人的创造性建构的宣言——通过"艺术式生活"实现艺术的胜利，也能理解赫伊津哈在《游戏的人》中表达的游戏精神，以及赖希与马尔库塞的反威权主义精神。

当时的时代精神可以用前文提到的这些思想家所著书籍的标题来描述：《性革命》《城市革命》《游戏的人》《日常生活批判》。正是这一精神影响了美国"垮掉的一代"如凯鲁亚克、金斯伯格、巴勒斯等在20世纪50年代尝试不同形式的公社生活。对他们而言，部落是一种基于互助、好客、贫穷和友谊的自愿式亲属关系，可抵抗冷漠的社会。与"生产/消费"模式相反，懒散、缺乏远见和被动成为一种抗争与革命的形式。他们一方面鼓励人们摒弃城市以建立理想的嬉皮公社，另一方面也影响了一种特定的城市生活方式的形成，也就是纽约的那些前卫艺术家们的生活，他们在这座城市里游刃自如，时刻受大都会魅力的浸染启发。

若要更好地理解当时的情况，我们不妨回想一下雷姆·库哈斯在

《癫狂的纽约》（1978）一书中对纽约大都会生活的描述，这种都会生活基于进步和非理性倾向的加剧。对库哈斯而言，"曼哈顿主义"早在20世纪30年代就已产生了"豪华住宅式酒店"这种新生活方式，它既前卫又浮夸，实际上是一种资本主义式的公社，华尔道夫酒店是最为典型的例子。也许因为历史时间上相距太近，库哈斯并没有看出这一现象与苏荷区阁楼住宅的联系——阁楼住宅的广受欢迎与精英阶级对安迪·沃霍尔的崇拜息息相关。日常生活的转型、对结合艺术创作的艺术式生活的追求、不再把家庭当作一种生活任务、在生活中探索其他更有活力的性行为，这些都使纽约的阁楼住宅生活不再带有柏林或巴黎的政治色彩，而是展现出这座城市本身的特质，其大都会文化与资本主义最为自由的表达与新的生命活力。没过几年，纽约就将这种超越性的文化特质转化为其主要产业，成为国际文化旅游目的地。

情境主义宣言和柏林公社后来变得非常有必要从内部出发作出变化，这与"十次小组"的建筑师们的努力是如此相似，变化的必要性正是从其希望超越的意识形态中演变而来。这种矛盾的意识形态立场，在情境主义者对"你是马克思主义者吗？"这个问题的回答中最能体现——"就像马克思回答的那样：我不是"。与之相对，在"工厂"里这种努力似乎完全没有必要，最重要的是享受生活，以最激进、最强烈的方式进行创作。

沃霍尔不仅把几乎所有进步的欧美思想都集中在一起，还结合纽约进步的大都会资本主义，形成了一种独一无二的模式。然而，我们的目的不是再次通过特定的艺术家去描述这个过程（当时，戈登·玛塔-克拉克和乔治·麦西纳斯都选择搬到曼哈顿东南部巨

大的废旧厂房中生活和工作），而是研究他们除了租金低廉外还看
中了这里的什么，其背后有着怎样的空间意义和理念，他们是如何
自我组织进而创造出20世纪最不同寻常的生活方式的，以及，源
于早期乌托邦社会主义的悠久传统如何演化为纽约阁楼这一疯狂
版本，而这种演变又如何反过来影响了当代思考、建造和居住。

阁楼其实就是空间高大的工作室/公寓，往往位于城市中心经济环
境欠佳区域中的一些19世纪末的工业建筑或仓库里，租金低廉。
在这些阁楼公寓里，生活和工作环境基本是连续无阻的。阁楼公
寓起源于19世纪典型的多层工业建筑物内的租售空间，这些建筑
物的楼面面积通常以其结构开间以及铸铁柱的数量来衡量。阁楼
有的是个人居住，也有的是集体居住，取决于居住者的收入水平，
有时也取决于当中的创意成分或社交活动。无论如何，当时人们
集体搬往苏荷区的这种行为，已经是对这种社群生活方式的最佳
认同。同时，由于阁楼公寓面积宽敞，加上当时新的社交风气，这
些阁楼公寓保持对一些固定的访客开放，并定期举办社交聚会。
因此，阁楼公寓的关键在于其社群性。无论是个人还是集体，他
们都更看重自己所从事的创作而非个人生活（如舒适、奢华、秩
序或亲密等）。与社群持续接触、不屑于稳定的情侣关系、把性理
解为另一种交流手段，这些特点都鼓励性行为的发生，与中欧一
些政治公社中的做法颇为相似。聚会给这里带来了无止境的创造
与自由氛围。由此，阁楼住宅中的集体或部落创造出一个相对独
立的都市环境，它逐渐占领整个建筑甚至整个城市区域，从根本
上改变了其身份特征。但重要的一点在于，它并不是通过构建乌
托邦或发动一场革新运动，而是通过一种技法来做到这一点的。
这种技法就是"挪用"，它与这个集体的艺术实践——发现物体并

使其去语境化——非常相似，这就像国际情境主义把"异轨"（dé-tournement）作为一种革命性实践，即一种"对现存美学要素的改变；把现在或过往的艺术品融合为环境中更胜一筹的构造物"。

如果说，存在主义住宅的关键概念在于连续性，现象学住宅的关键概念在于强烈，实证主义住宅的关键概念在于其可见度，那么阁楼这一独特的居住观念的关键词就是"挪用"。这个概念体现了阁楼与公社、占屋的紧密联系，因为这就是阁楼凝聚的力量，因其殖民于其空间的方式，因其实际上是从公社实践那里进行了部分的挪用，因其居者将自己置身于城市的历史中心的想法。

通过把自己的工作室和家搬到废弃的建筑物和都市街区中，这些艺术家，沃霍尔式的游戏者们开始占据城市及其历史中心，并坚持抵抗所有的实证主义式传统。他们坚持置身于城市的记忆之中，拒绝正统现代主义的"白板"。

这种带有大玻璃窗，高层高，有着原工业铁柱的、均质的、有韵律的空间的厂房挪用改造而成的空间是怎样的呢？首先，这一空间对现代性保持着否定的态度，它希望其居者拒绝实证主义的居住理想，栖居在现代主义之前的那些商业和工业空间里。与功能主义规范化的日常生活完全相反，阁楼住宅中最显著的视觉特点就是混乱；这种混乱从空间、空间的不可预知的即兴功能延伸到时间本身，使当中的生活不再存在唯一的节奏。阁楼保持着自己的、无规范的节奏。在城市其他地方开始沉寂之时，阁楼迎来属于自己的时刻，无论是艺术创作还是饮酒作乐——要知道，这两件事在这里往往同时发生、合二为一。

在阿尔贝勒家中，一切都有规则，一切都受监视；沃霍尔式的阁楼里没有任何规定或监视，这幢住宅属于任何获准进入这个"部落"的人。除了个人的习惯和守律，这里没有（也不应有）任何约束：这里没有时间，一切都即兴发生。在实证主义者眼中，这些公社成员是流氓一般的"寄生虫"；在后者眼中，实证主义者则是扫人兴致的"派对杀手"。

在这里，一些看似传闻轶事的元素，如清洁或着装，获得了某种意义和精确的空间感；"争议"作为抗议文化的核心，将强烈坚持取消恼人的卫生学观点强加的"虚假需求"。"我们拒绝一切关于物品需求的绝对定义，"阿斯格·尤恩在《论功能主义思想在当下的意义》（1956）中谈到。而柏林公社的成员则拒绝接受以现代社会所谓的"肮脏禁忌"作为唯一的评判标准："污垢是现实的一部分，你不能通过对清洁的执迷而假装污垢不存在。"

所有这些反文化的表现将接二连三地对实证主义提出挑战。因此，阁楼可以被理解为恰恰是实证主义最卓越的精心规划的反面。在阁楼中，立方米（空间）取代平方米（面积）成为价值的衡量尺度：几乎没有科技元素的纯粹空间成为阁楼的充分要素，这种要求也违背了现代主义正统建筑师的方法论及其整个伪科学式的功能主义机制。在这样的空间里，人在占据它时的创造力是最强的，因为所有选择皆有可能。对一定量的空间的占用是居住方式的本质，在居住中，沃霍尔式主体实现了自我。在这个过程中，他将通过挪用或异轨的手段来展示他的物质和物体文化。

回过头来看"工厂"的内部，我们会再次注意到物品被炫耀式地

围绕起来，以一种自我满足的姿态展示在空间之中。沃霍尔说："我一直都喜欢利用大家丢弃的东西。我总觉得，被丢掉的东西、大家都觉得没用的东西，其实充满了幽默的潜力。我的工作就像是在做回收。我一直觉得这些被弃用的东西里蕴藏着许多幽默感。"正如"工厂"这个回收利用的工业建筑一样，当中创作的物品也是从"无用物"回收、挪用而来，被再生产为一件20世纪的著名艺术品，一件去语境化了的杜尚式的"现成品"（objet trou- vé）。创造力从工作延伸到日常生活，从金宝汤罐和Brillo垫到家用物品，呈现出一种毫无中断的连续性。这一切都与所谓奢华、小资式舒适、现象学式的亲密关系、现代技术或尼采之家的本质审美大相径庭。这种空间观念基于对普通物品、对消费主义遗留物的去场景化及提升，它们一旦被重新场景化，就被赋予了一种美学意义，同时也具有了与稳定的日常生活相对的讽刺意味，成为生产/消费循环的一个富有创造力的寄生物。

这些异常之物强化了沃霍尔的空间，就像光在维米尔的房子里强化了空气的存在。这种对"现成品"的再利用构成了一种与刻板的现代主义不同的异质美学；这些各异、互斥的物品构成了怪诞、优雅、无用且比例失衡的景观舞台。它们混杂在一起，造就了一种杂乱无稽的荒谬风格以及与环境的创造性关系。这种态度往往导致过度的美学，而就安迪·沃霍尔而言，这最终成为一种强迫式的消费癖（这是许多流行明星的共通点，如猫王普雷斯利和艾尔顿·约翰）。但沃霍尔的恋物癖能透露出很多讯息，因为它不仅涉及上述类型的物品，还包括19世纪美国或英国的资产阶级家具。这种双重品味导致了"工厂"和他母亲住宅之间的自相矛盾的差异，在他母亲公寓里的卧室削弱了一切关于人的单一维度。把这点与"工厂"的银色空间及其暴力式的现代性联系起来，我们也许就能理解为何安迪·沃霍尔是把阁楼住宅的古怪美学转化为上流社会消费空间的合适人选。在沃霍尔的世界中，矛盾是不存在的：他什么都要，什么都要最好的。唯一不需要的是一致性，是各个部分的和谐，是先验式的连贯性：事实上，这些也正是他在艺术创作中会迅速撇开并避免的。

与20世纪70年代涌现的各种阁楼相比，"工厂"最独特的一点在于沃霍尔极端的反边缘化态度。这种迷人而暴露的布景式场景，毫无疑问使这些闲置空间不仅释放出富有创造性的力量，更营造出一种充满欢乐感官体验的生活方式。这种生活方式并不使自己边缘化或屈从于反对富有阶级的意识形态，也不排斥资本主义式娱乐。沃霍尔与杜鲁门·卡波特、米克·贾格尔和杰基·肯尼迪也会参加的社交名流聚会，与地下丝绒乐队一同排练，同时被性、名利、金钱、毒品和娱乐的光环围绕。他成了一个具有双重革命性生活方式

的人物：一方面因其展示了平庸而反对"正统的"抵抗运动，因其激进的反道德行为而反对权威人士，另一方面对普通的文化生活保持乐趣，对左派的无趣承诺保持怀疑，并愤世嫉俗地反对公共体制。沃霍尔的这种生活方式是一个先驱，到了20世纪80年代被更多人所接受，当时的房地产广告面向社会尊贵阶层推出这种方式，完全取代了原来酒店式住宅中精致的精英式的生活方式。这些废弃物从大街上转移到古董店和专卖店里，生活的污秽和混乱被平庸所取代；就像现在，奪拉的衣物被放进高级时装店。流行和极简派艺术家的画被挂在墙上，时刻唤起这种住宅模式的原创性。

当阁楼市场化后，它不可避免地开始带有画廊的属性。那些开在苏荷区的先锋画廊，例如利奥·卡斯特里在1970年于西百老汇大街420号开设的画廊，总是典雅而醒目，而且往往带有阁楼式的美学。当中，博物馆式极简主义与新的美学模式相辅成成。让我们随加布里埃拉·汉高走进1988年的卡斯特里画廊，当时距离贾斯珀·约翰斯、罗伯特·劳森伯格、罗伊·利希滕斯坦、克拉斯·奥登堡和安迪·沃霍尔那一拨繁荣期已过好几年。在她的描述中，这个画廊的空间布局做了一些变化和整合，如今其已成为社会精英的场所："一道狭窄楼梯通向卡斯泰利的房子，已经使空间显得更加狭隘。首先，电梯对面的接待区挤满了游客。浅色的镶木地板、带有展览照明的白墙、若干铸铁支柱和一对长椅，除此以外再也没有其他固定设施和装置。接下来是一个用于悬挂画作的狭窄房间；它同时也是画廊活动中心的一个入口。它被绳子隔开，使外人完全无法进入。房间左边是五六个助手的办公桌——这些漂亮的年轻女性总是坐在电话前，每天恭敬温柔地回复各种来电。其中一个女孩坐在电脑终端旁，她负责文件分类、分拣彩色幻灯片，并在利奥打电话时亲切接待访客——利奥总是有很多电话要谈。他坐在助手中间的一张桌子旁，面前放着一瓶巴黎水。有时他会在一个偌大的玻璃隔间里；那是整个画廊的控制中心，从那里他可以观察到画廊的另一端。由于自身的听力障碍，利奥从很早就开始带着很小的助听器以避免旁人的大声呼喊。他面前的黑色桌子上放有一个小记事本。一切都必须井井有条。年轻的经销商们为了追随卡斯泰利的风格，总是在画廊里配有博物馆式的绳索，并在书桌上摆放鲜花。"

阁楼至此成为一种优雅的空间。这一独特的模式将被所有的大城市引进，而这一生活模式将使我们所能想象的20世纪现代住宅原型系列完整起来。但是，我们应回到那个更具吸引力的时刻，也就是沃霍尔拒绝留守在边缘地带，从他位于列克星敦大道的"工厂"开始进而征服整个城市的时刻。我们不妨试着去了解这与城市和自然的关系；这种居住方式将产生怎样的公共空间。

纽约正是沃霍尔式阁楼的居民们身处的自然环境。沃霍尔通过利用废弃物构建起自己的居住方式,这类似于海德格尔式居民们利用黑森林中既有的材料搭建自己的栖身之处。"自然"和"乡村"对沃霍尔来说是不存在的:"我是一个城市男孩。在大城市里,人们把公园造成一处微型的乡郊,但乡村里却毫无大城市的踪影。因此,我(在乡村时)非常想家。我喜爱城市胜于乡村的另一个理由是,城市里的一切都是为了工作,而乡村的一切都是为了放松。我喜欢工作更胜于放松。在城市里,公园里的树木也需要努力工作,因为它们要为众多的人们提供氧气和叶绿素。如果你住在加拿大,你可能会有一百万棵树为你单独供氧,所以每棵树都不用辛勤劳动;时代广场上的一棵树则必须为一百万人制造氧气。在纽约,你真的不得不忙碌起来;这一点连树木也晓得,不信你自己去看看。"

纽约城里的树木也必须富有创造力地去工作。中央公园为这座城市工作,即大自然在为纽约服务。这座城市里的创作应是愉悦的;这是一个有趣的地方。阁楼里的居民居住在整座城市的中心,因为身处此地他可以得到所有想要的东西。这正是他的世界中全宇宙的中心。然而,纽约不仅是一个古老的城市,更是大都会的集大成者。这座城市是通过运用现代世界中具有吸引力且有趣的东西而搭建起来的,展现了资本主义不可阻挡的恋物与消费主义倾向。与此同时,雷姆·库哈斯把他的回溯宣言汇集于这座城市之中,并写成了那本每一座伟大城市都值得拥有的书(就如每座伟大城市都应有对应的伟大电影或小说)。我们再次体会到不同尺度上的类似现象:城市可以被理解为消费品的积聚;这些物品的运用将赋予城市新的美学。

这样看来，街道一直被现代都市主义所压制——我们对街道的坚守本身已经是一种抗议——而我们对这座城市的玩乐再造可以从街道上展开。情境主义主张的无非是一种回收记忆和主观经验的城市（通过街道上的试验性游走，以架构现有城市的主观的心理地理学）。这个城市正在贬抑并行将消亡；它只是一个与客观主义的现代城市相对立的革命性架构。人们可以在这个框架内构建革命状态。用列斐伏尔的话来说，城市革命将与公共空间中主体的解放并肩前行。

这些政治观点在苏荷区的转型过程中有着清晰的表达。我们可以根据情境主义的城市理论来思考这一案例：废弃的城市通过各种日常实践实现改造，这些日常实践从私人空间——阁楼——延伸到街道，阁楼和街道正是两个典型代表。沃霍尔甚至没有定居在苏荷区：他拥有更大的野心和个人主义，即占有纽约市的所有公共空间，准确来说是纽约市的所有"商店橱窗"。因此，他从城市中得到的，在感官上和心理地理上与德波所描述的一样，只除了一点：它会丢掉所有反资本主义的论述，因为如库哈斯所宣告的那样，纽约的感染力正是来自资本主义及消费主义实践的表达。"当我在纽约四处走动的时候，我总是意识到周围的气味：办公大楼里的橡胶垫、电影院的软垫座椅、披萨、朱利叶斯橙汁、浓咖啡、大蒜、汉堡、干棉T恤、邻里杂货店、精致的杂货店、热狗和酸菜车、五金店的气味、文具店的气味、索瓦兰吉，登喜路、Mark Cross、古奇的皮革和地毯，沿街的架子上挂的摩洛哥鞣制的皮革，新杂志、过刊杂志，打字机商店、中国进口商店（货机散发的霉味）、印度进口商店、日本进口商店、唱片店、保健食品店、苏打水店、打折药店、理发店、美容院、熟食店、贮木场、纽约公共图书馆的木桌

椅、地铁里的甜甜圈、椒盐脆饼、口香糖和葡萄苏打水、厨具店、
照片冲印店、鞋店、自行车店、斯克瑞伯纳出版社、布伦塔诺书
店、双日出版社、里佐利出版社、万宝路香烟、伯克马斯特（Book-
masters）、Barnes & Noble书店、擦鞋架、奶油面糊、润发油、伍尔
沃斯前面的廉价糖果的气味和后面的干货气味、Plaza Hotel的马、
公共汽车和卡车的尾气、建筑师的蓝图、小茴香、胡芦巴、酱油、
肉桂、油炸的香蕉、大中央车站的电车轨道、干洗店的香蕉香精
味、公寓洗衣房里排出的废气、东区的小吃店（奶油）、西区的酒
吧（汗味）、报摊、唱片店，还有西瓜、李子、猕猴桃、樱桃、康科
德葡萄、橘子、麝香、菠萝、苹果等各种水果的味道，我喜欢每种
水果的气味混杂着粗糙的木头箱子与薄的包装纸的气味。"

一个完美的消费主义产物，沃霍尔在其中也挪用了反文化的技术
和美学，它们反过来又屈服于任性的、复杂的去情境化。沃霍尔
式游戏的人将反文化的实践整合到资本主义消费主义的肤浅世界
中以实现质的飞跃。沃霍尔提出了精英消费主义的空间概念，为

私人和公共领域提供了一个完美的空间模式。在他之后，从苏荷区发展起来的生活方式被1980年代的里根派雅皮士所用。他们就像沃霍尔一样，渴望不放弃不合主流的思想和行为就可以换取物质成功。几年之后，阁楼成为一种特权式的居住空间。

乍看起来，这种审美和存在模式有点过于单一；它对沃霍尔和他的"工厂"过分依赖，却与最早公社和占屋者的斗争及理想主义特质大相径庭。那么，或许此时应回顾赖希思想中伟大的、不同层面的思想，这种思想有其非常明确和综合的思想宣传者。公社居民、阁楼居民和占屋者，除了摒弃家庭和自我隔离以外，还有哪些共同之处呢？他们的空间规划涉及怎样的生活理念和技术？可以非常确定的是，他们对家庭的批判与对实证主义思想模式及其生产／消费模式的批判是不可分割的。对功能实证主义的房子的否定或"争论"，把各种标准联系在一起，尽管这些标准的意识形态相当不同（基本上可以归结为：无政府主义、激进社会主义和弗洛伊德-马克思主义）。高效的"平方米"作为一种实证主义思想，被技术和规划上缺乏效率意义的"立方米"取代。这种空间模式与空间碎片相反，把隐私范围降到最低；而功能设计在空间碎片中以更大或更小的私密领域来解决功能问题，隐私领域被认为是威权主义、资产阶级和家庭生活方式的结果。床和厕所只是稍微分开；房子是学习和实践反威权主义的地方。"妈妈和爸爸的秘密"以及随之而来的被赋予不同意义的碎片空间，让位于对寻求打破社会和性禁忌的亲密关系的强调性展示。这里没有层级，没有固定布局，也没有专门化的空间。这种中性居所中的简单性将成为新的居住范式，而大小／体积则成为衡量其质量的唯一标准。对这一新范式而言，"温情"变成了一种消极的属性——因其蕴含着明显的资产阶级消费主义倾向：空气既不具有技术性，也不应是感官式或存在式的，而其中的物品也不会被"设计"。与那些通常靠质量取胜的模式相比，这种范式中的"即时性"有着正面的存在价值：便宜——甚至免费——就是最好的。因此，挪用作为其典型技法，表现了当中的居民是如何定位自己与生产—消费循环之间的关系的。他是一种机会主义式的寄生动物：攀附在主流价值的边缘，却一直在抵抗它们，并通过改造社会中的废弃物与消费主义循环相抗衡。"复古"由此涌现为一种新的类别，即把被加速的时尚循环所淘汰的废弃物转化为一种时间极短的微型记忆。因此，脱离语境的物体所构建的居住生活，造就了废弃物的回收利用中蕴含的美学。这些回收的废弃物往往并不被当作是居住空间的一部分。风趣、独特、创新而愉悦，这些与传统住宅格格不入的元素被纳入这一空间：汽车零部件、酒吧的一部分、街头家具、迪斯科舞厅和夜店、大巴和飞机都被纳入居住空间的范畴。揉合这一切的关键是幽默：去语境化引发的幽默感，住宅中显著存在的幽默感基调，所声明的反权威目标，通过部落抛弃家庭的目标。

这种物品文化总是基于混杂而非"统一和谐的设计"。它造就了一种不同寻常的美感：住宅作为混乱和放纵的城市景观，当中任何对隐私和自然的原始状态的潜在愿望都被淡化。因此，城市是这幢住宅中的居民真正身处的自然环境；他在这一框架中得以充盈自身的活力与创意。严格的功能主义空间将被排斥；其卫生学只是一种完美而无用的灭菌处理。这种观念将导致有意识的反卫生学，包括激进的最小化技术空间，如此卫生间和厨房在空间上与家庭生活景观融为连续的一体。同时，这一住宅也尽量避免选择"自然"的材料（当中的居民总是对"自然"不以为然）或是任何现代城市机器的卫生和生产功能：它重新利用被遗弃或过时的原始的、没有利用价值的工业品。它总是选用人造、回收、去语境化的材料，这些标准适用于规划这一住宅的所有方面。最后，这一住宅有两种反面原型：一是阿尔贝勒一家的实证主义住宅，另一则是根植于场所与自然的保护式避难所。与这两者不同，公社中的居民没有家庭和本质，没有进步和自然的信念。他由没有高尚目标的纯粹外表构成；其目的永远在于游戏、派对与集体欢乐。

最后，我们理应讨论一下沃霍尔式阁楼作为一种住宅原型的命运。乍看上去，挪用作为一种手法似乎不足以造就一种新的项目，而苏荷区模式的反复复制，对于许多工业街区的居住空间改造是合适的。然而我们前文的论述恰恰要表达一个相反的观点：通过造访"工厂"和纽约阁楼住宅，一种规划住宅的技法清晰展现在我们面前。这种技法基于对最平庸的建筑物如厂房或公棚的挪用，以可接受的价格，用满足较低的计划性和形式的清晰度就可以进行操作的工具，提供大体量的空间，以为使用者提供各种进一步改造的可能。例如弗兰克·盖里在1972年完成的戴维斯住宅，就在一个独立住宅中再现了阁楼住宅的空间、材料与物品特质：毫无特色的仓库式空间像是一种简单而充分的外壳；计划的临时拼凑与蓬乱的外表；对去语境化的技法和物品的运用。

盖里的这幢住宅（北洛杉矶前卫画家的工作室）呼应并发展了纽约阁楼空间，而拉卡通和瓦萨尔在1993年设计的Floriac住宅这个例子中则有着更为传统的功能要求：住宅中住有一对夫妇和他们的孩子，而他们的价值观和居住方式则试图延续一种非常规的模式。住宅本身对住户的这一期望作了积极的回应，并一丝不苟地

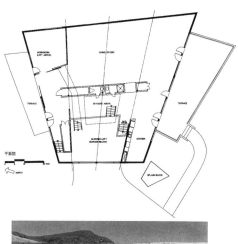

平面图

保留了其活力与气质：一方面，聚碳酸酯材料的运用为大体量的仓库式空间带来了充盈的氛围；另一方面，"拼贴"的手法使室内空间不需有预定的功能。把阁楼住宅原型发展运用到一种与之完全无关的类型上的想法，在让·努维尔的Nemausus社会住宅项目中有着更为清晰的体现。Nemausus社会住宅试图把阁楼住宅原型运用在集合住宅之中。这一项目是成功地把阁楼住宅的量体原则（可用创意改造的不确定的立方空间）应用于公共住房类型的开拓性实验，这种开拓的意义不仅在于平面布置本身，更在于概念的拓展：在不改变公共住房的经济限制的情况下，与现代主义最坚实、最有说服力的范式分道扬镳。正是这样的案例使我们更好地理解这一原型作为思考、建造和居住模式的意义。它不仅吸引政治斗争分子与艺术精英，更延伸到广泛的社会群体之中，使他们得以通过挪用毫无特质的空间来发展自己的生活创意；这一矛盾而"肤浅"的量体，将被改造挪用以适应其居者的居住观念。在阁楼住宅中，居住空间不再由功能主义式的预设决定，而是一种慷慨而不确定的空间。当中的居家物品被缩减至最少，以塑造一种自由自在、毫无限制的生活方式。这一生活方式无疑与20世纪的居住传统大相径庭。最后，我们不应忘记"工厂"的银色房间与安迪·沃霍尔自己柔软的卧室之间的二元性。这种二元性揭示了这一居住模式的局限，开启了我们的期待，并进一步发展了我们的欲望。这并不意味着以愚昧的道德主义来评判这种二元性，而是应理解私密性是自相矛盾的、对立的、神秘的；应理解，一个项目、一种构思居住的方式能够从这种思考中汲取能量，能够将这一20世纪居住传统中的自由力量发挥得更加深远。

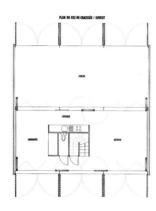

6

原始小屋、寄生与游牧：
住宅的解构

"关于主体的论述自20世纪60年代以来明显向后人本主义转变。在哲学和建筑学方面，这一转变被明确视作一种后现代主义。这一时期的哲学，或更准确地说，这种后现代实践在理论上已推翻了哲学，对人本主义传统的解构建立在一系列现代思想家的激进文字之上，如马克思、尼采、海德格尔和弗洛伊德等。我们稍举几个例子就可以理解这一普遍的倾向。例如，路易斯·阿尔都塞在《保卫马克思》中把人本主义视作危险的资产阶级思想，并褒扬了马克思的'反人本主义理论'，这套理论建立在'哲学的（理论的）神话已沦为灰烬这一绝对条件'之上；雅克·拉康再次肯定了'自我本身的激进反中心'正是'弗洛伊德发现的真理'；米歇尔·福柯系统解释了现代理性对智力、心理以及性别变异的微妙排斥与压抑，以及他在《词与物》一书中对'人的死亡'进行了考究；雅克·德里达对人本主义形而上学及逻辑至上思想展开持续批判。在这些著作中，'人'在现代主义思想中作为所有意义和现实的主观缘起和解释极限的地位，面临着反人本主义者的坚决挑战。让-弗朗索瓦·利奥塔更称之为'哲学的人本主义障碍'。"——迈克尔·海斯

"我想说的不是如何造丑陋的房子。我想说的是：假设我们创造的不仅仅是一座'幸福之家'，而是一种神秘超群、缺乏定式甚至暗含恐惧且超越美的东西……"——彼得·艾森曼

我们接下来要参观的这幢虚拟环境中的住宅，有着一位潜在的居者，对这位主体的解构，从福柯及其关于"主体之死"的争议论点（这显然是对尼采的回应），乃至德勒兹和德里达，显然已经成为当代思想的重要组成部分。20世纪末欧美学界围绕后结构主义与后人本主义的主体展开了一系列的实验，这并不涉及任何实际存在的住宅，然而一种住宅原型却在生活和城市的日常空间中慢慢形成。这在很大程度上只是一种心理建构（mental construct）：住宅为日常现实所压抑，住宅的勉强存在使人开始质疑客观性的紧凑性和连贯性，而现实是由紧凑性和连贯性以一种结论式的实在形式呈现在我们面前。但是我们必须从一开始就指出，一切潜在事物的虚拟本质都有可能照进现实；一个存在于虚拟世界中的住宅并不一定疏远于日常生活；它也许能够更精准、更具叙述力地作用在实在的现象与日常现实之中。这幢虚拟的住宅可以成为一种带来愿景的工具，或者说，一种对20世纪末家庭属性的批判。

我们参观这幢住宅这一行为本身就提出了一个问题：住宅作为单纯的私密性的场所，其存在的可能性，以及使其成为可能的特定的社会、材料和设计实践。从后结构主义的角度来看，正是家庭与建筑的体制（即我们前文所提到的"幸福家庭"）本身存在问题并亟需"结构性变革"。

为了使这幢后人本主义主体之宅变得可见、可供探访，我们不会像研究其他住宅原型那样选择单独一两个例子，而是会尽可能引用更多不同的案例。这一系列的住宅自身的多样性也体现了这一思想的多样性。我们不妨从新婚的巴斯特·基顿为自己与伴侣建造的房子开始。1920年拍摄的《一周》是巴斯特·基顿开始担当主角的短剧之一，在其中基顿需要费尽苦力来搭建他妻子过往的爱慕者送来的一栋预制住宅。这栋住宅的组装说明书和装配套件也一并运到，但是由于对方的阴谋，组装说明的标识号被改变了，以致组件与说明不相一致。尽管基顿很快发现了这个问题，但他也别无他法。在别无他法的情况下，基顿只能遵循这本手册盲目地进行机械装配，其建造的结果也成为对这对夫妇乃至我们这个时代的制度家庭的最好隐喻。最后，许多趟上上下下之后，房子被将它运来的同一列火车撞毁，一并被摧毁的还有这对夫妇一度在它身上寄予的对美满家庭生活的期望。它揭示了我们抵抗另一种物质实践的无能，建立在这种物质实践之上的体制（在此也即家庭和夫妻）的危机，以及这种无能与危机之间的紧密联系。

当然，基顿和塔蒂在描绘当代世界中传统主体的挣扎时的讽刺口吻颇有相似之处。但是，和于勒先生住宅中的家庭空间被视为阿尔贝勒一家空间的替代方案不同，基顿不仅放弃了其他选择，而

巴斯特·基顿。短片
《一周》里的截图，
1920 年。

且认为不能寻求任何其他逻辑。他把错误视作正常的一部分，坦
然接受生活在一栋不可能继续建造的传统住宅里。

丹·格雷厄姆1978年的未建成作品《改建郊区住宅》体现了艺术
家对（类似于基顿希望建造的）典型郊区住宅的彻底改造：它的正
立面被一面巨大的玻璃取代，而室内的后墙上则安装了一面连续
的镜子，创造出一种介乎莱维顿和密斯式现代建筑之间的图像。
住宅、居者和假设的观者之间原有的关系被彻底颠覆。原本的私
密场所亦被暴露展示。镜面使观者走入居住的场景之中，在成为
整个私密空间的一部分的同时亦使之瓦解。私密和公共空间之间
的界限变得模糊，很难区分谁是谁，他们在哪里。但居者同时仍
保持着他们的第二空间，即卧室与浴室，在其中他们仍得以继续

丹·格雷厄姆，
《改建郊区住宅》。
模型照片，1978年。

传统的亲密生活。这使当中的主体对单一的居住空间有着两种截
然不同的体验。我们可以把格雷厄姆的作品理解为对当代主体居
住习俗的展示，他在其私密空间中被入侵以及作为入侵者，他在
所有位置中都是一位陌生人。这同时也是一种展露（exposure）的
技法，它反对任何干涉的手段，亦超越对已有语言和形式因素的
操纵。艺术家的作品所呈现的是：隐匿的元素将在被解构和去语
境化后暴露出来——这种隐匿不仅是视觉上的，也是匿于思想进
而匿于双眼的。通过这些细微的变化——这些变化是虚拟的，只
做了清晰阐明的——从公共到私密之间所有的范式和过渡都被展
现出来，进而强调了家庭的势力范围强加于当代主体的规则和法
律的缩影。

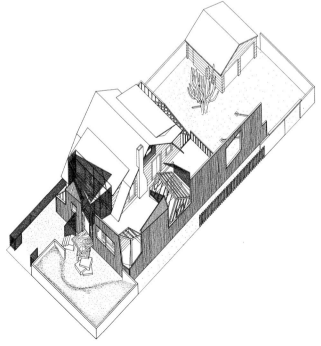

电影《一周》和艺术作品《改建郊区住宅》与20世纪末两位杰出的建筑师建造的两幢住宅有着异曲同工之妙：彼得·艾森曼在康涅狄格州华盛顿的六号住宅（1972—1975）以及弗兰克·盖里在洛杉矶圣塔莫尼卡的自宅（1977—1978）。在基顿的房子里，窗户从屋顶弯曲而下，房子本身没门，屋顶只覆盖了房子的一半，楼梯并不通向任何地方，门廊则在第一场大风中倾覆——我们可以在这两幢住宅中再次发现这些元素。虽然二者都体现了对机械式建造过程中固定模式的不满，但盖里的自宅有着更为清晰的形式与建造的类比，而艾森曼的作品则更多地体现了一种步骤性，从而与丹·格雷厄姆的想法更为接近。艾森曼既是规则的建立者，也是其颠覆者：他的楼梯并不通往任何地方，柱子悬在空中，餐厅空间被一个不期而至的尴尬柱子打断，主卧室的床则顺着地板上的宽裂缝被一分为二……在这所住宅中，建筑师的创作呈现出一种分裂的状态。一方面，他运用了一系列大家熟知的事实——尤其是对现代主义语汇的运用，使住宅得以被建造；另一方面，他像丹·格雷厄姆一样展开了激进的批判，其目的在于从建筑师和建筑入手质疑所有制度化的传统。艾森曼不仅效仿基顿，更坚信他率性而为的态度比其他哲学的平常论述和对主体的重构蕴含着更多真理与时代精神。

那么，对于一般的主体——受制于规范的人——发生了什么，以致于使他成为这样的一分子，他仅有的表达能力恰恰源于其既无力抵抗亦不能成功地发展既有的规范。这个人毫无疑问正是当代思想最感兴趣的主体之一。他或多或少都是主要的法国后结构主义评论家——从福柯开始，到布朗肖、德勒兹和瓜塔里、利奥塔、德里达——的研究对象；这一主体，其在世间的物质实践和建造正是所有世界知名建筑学府的研究对象：这反映了后结构主义的显著地位，这一现象被片面地冠以"解构"的名号。尽管不是刻意的，由基顿取得的结果还是立刻将我们引向（后结构主义）这一思想。

若要厘清当中的脉络，我们必须参考福柯在《词与物》中对"主体之死"的阐述。福柯的这一论述与尼采的思想相呼应，对自古典人文主义始整个现代性经验所基于的主体概念提出质疑。福柯以尼采的"怀疑哲学"为基础的分析方法论探讨了以下问题：建立新的人类科学的各种知识如何构成权利关系的工具；沿着经典路线发展而成的人文科学知识如何向新的统治形式和残暴形式妥协；在最后的分析中，古典主体和其前辈文艺复兴者如何在知识和权力相结合的强化过程中变得一文不值。如今，人已不再是那个有能力创造自我形象的自由个体：他已沦为一种社会产品、一种固定的权力关系中的职能，其行为准则受到监督和管控。身体和理性之间的和谐不复存在。他的身体已经"物化"、固化，而这一物体的个体行动无从超越国家（State）的需要。

这一主体已不再是意义的个体生产者。正如迈克尔·海斯在《现代主义与后现代主体》（1992）中所描述的，这一主体已成为一种异构的集合、一种模糊的轮廓、一种动态、一种"变化而分散的实体，其真实身份和地位将在社会实践中构建"。他只以多重的形式存在。布朗肖对福柯概念中的"已死之人"有过最动人的描述："主体并没有消失：问题正在于其高度的统一性，我们对其的兴趣和研究恰恰来自他的消失（即一种由消失带来的新的存在方式）与消散；这种消散或许不能完全使他消失，但它带给我们的也只是一种多样的姿态与功能的不连续性。"

在当今思想中，这一主体作为"消失带来的新的存在方式"的形象，呈现出多种形式，其中包括德里达式的寄生者（parasite）、德勒兹和瓜塔里的游牧者（nomad）和利奥塔的流浪者（vagabond）。他们都呈现了当代主体的退缩与边缘化。

当德里达通过建筑的比拟来描述他的"解构主义"活动时，他运用了两种形象：形而上学的建筑与结构，以及"寄生者"。这二者代表了他的思想的客体与主体。他通过第一个形象提出了纲领，即"瓦解形而上学大厦的基础"，这明显延续了海德格尔的思想。在第二个形象中，他把"寄生"异物视作一种不得其所的拓扑形象，并阐释了态度与程序，即解构机制。在缺乏其他应对机制的基顿和格雷厄姆的例子中，该机制成了一种纯粹的批判，一种解构。作为一种模式，寄生者作为入侵者将自己安置在第三方——其他思想形式——的生命之中。通过其专横的存在强调了对无规划的事物、日常规则和秘密的传统的复杂啮合式建造。这些秘密的传统则通过这种关系网钩织出私密的稳定性与防御机制：范式网络，通过这一网络，家庭暴力以及其延伸／与其相反的公共暴力亦被组织起来。

吉勒·德勒兹的研究关注这种暴力引起的一种病态：精神分裂症，即无法区分正常和幻觉、无法构建连贯的整体。他与费利克斯·瓜塔里共同撰写的《千高原》（1980），展现了一幅由资本主义世界本身的精神状态呈现出的万花筒式全景。其展现了游牧民族作为主体的社会实践往往被视作反抗行为的榜样，构建起反对现代国家及其等级/教导模式的"战争机器"。在《千高原》中，外部和内部之间的分裂视野变得模糊不清；它们并不总是一致的。组织、感知和知识的游牧模式为主体提供了潜在的定位，这一定位借助组织（包括其连通性、异质性、多样性、破裂、制图和转移）的根状原则被描述。这与传统科学和哲学的阐述方式中隐含的因果关系式的树状或金字塔模式大相径庭。

同时，"平滑"（smooth）空间这一概念隐含在游牧的流动状态中，与代表现代国家体系的"条理"（striated）空间截然不同。这意味着我们要通过放弃一些稳定的建筑分类以发展出必要的新词汇。德勒兹定义的这种哲学化系统，与系谱的和等级的哲学系统不同，后者存在于推理的两种方式，即演绎式和归纳式之中。德勒兹描述了一个精神分裂者有关沙漠的梦，并通过沙漠这一启发式和空间式隐喻对这种哲学化系统进行了阐释："这是一片沙漠。但若说我身处沙漠之中，是不太说得通的。这是一个沙漠的全景。这个沙漠并不悲伤也并非无人居住。它的颜色和光线明亮，没有影子，所以称之为沙漠。在这里有一群蜜蜂、一群足球运动员或一群图阿雷格人。我在这人群的边缘，但我属于它，我是一个肢体，一只手或一只脚。我知道，这个边缘是我唯一可能存在的地方。如果我让自己卷入中心，我会死去。但是，如果我放弃它，我也会死去。我的立场不容易维持，甚至可以说是很难维持的，因为这些人不断地移动，他们的动作是不可预测的，不响应任何节奏。有时他们会四处奔走，有时候他们往北方走，然后突然朝东方走，任何组成这一群体的个人都不会与其他人保持同样的位置关系。所以我也一直处于永恒的运动之中。这令我感到十分紧张，同时也给我带来一种暴力的、近乎晕眩的快感。"

德勒兹所描述的游牧者形象与发达社会中人类行为的急剧变化颇有可比之处。这很大程度上源自发达国家社会中经济、技术以及人口的变化。这一变化并非巧合。从社会学的角度来看，这种新的存在方式通常被认为有更多的流动性，以及随之弱化的是家庭的重要性和家庭的基本原理的重要性。家庭的基本原理是传统的团体在一个场所、一所房子、一个家族血统、一个物理地点中建立起来的，这里铭写着个人的存在。这种原子化与流动性关心个体在这一个人化世界中的安身立命，以及资本在其领地内植入的流动性，因为个人和资本都使用科技发展提供的财富，将其作为重要的文化基础。因此，这个新的社会主体既是经济全球化的结果，也是其载体。对于习惯定居的文明来说，这一新的主体就像以城市为生的游牧者、寄生者和捕食者；在他们看来，这些本是他们一员的新的主体往往为自己的利益而背弃集体的福利，为他们带来威胁。

与当年资产阶级和无产阶级各自出现的历史时期不同，如今我们并不关心任何具体情况或全新的主体。我们要关注的是突然涌现的一系列社会范式，其共同点在于反对把传统家庭模式作为主要参照。主体被转变为一个晚期资本主义操作系统的客体，晚期资本主义需要以社会机体自身的生长、原子化、普及与全球化过程对其进行不同身份的确认。在《后现代的状况》（1990）的作者大卫·哈维看来，全球范围内的经济扩张要求新的分配能力，以抵消过度积累及随之衍生的问题。如今，经济流通的空间范式运用了灵活的积累体系。它把福特-凯恩斯主义转换为一种新的方式："当地的、空间或时间的、物质或社会的结构越灵活、越紧密，全球层面上的系统就越稳定。"这是一个矛盾的主体。一方面，我们可根据德勒兹的理论将其认作资本主义发展的另一种方式；另一方面，哈维的论述则将其描绘为全球化资本灵活积累的新的组织方式的产物。这是一个消极的主体，同时却也在不断满足新经济范式带来的原子化的、无所不在的需求。通过这些悖论，我们也许可以理解这些"模糊的边界"所希望表达的主体形象。

随着传统主体轮廓的消解，他与古典人类中心主义的关系也愈发疏远。西方民族中心主义观点中的家长制（或者说，父系社会模式）以及与之相关的特定联系与场所亦随之消解：这一主体的轮廓变得模糊不清。这是由于他与同辈的交往变得短暂，并且放弃了流动与行为的合理化模式；后者根据经济的需要，沦为一种平行于金融资本增长的"随机形式"。

伊东丰雄从建筑学方面对这一行为模式进行了研究。他为"东京游牧少女"所作的设计（1985年的蒙古包1号；1989年的蒙古包2号）探讨了这一行为模式对居住空间的影响。这是一种非物质性的极简结构，它的私密空间几乎没有遮拦，像是一幢小屋或一顶帐篷。其中生活着日本近年来涌现的一种个体形象：一位独立、闲散、崇尚消费的年轻女性；这一主体本身不足为奇，但是她似是而非的存在——一种寄生的存在状态——揭示了日本社会在高度等级化、性别歧视和传统的特质方面的问题。不仅如此，而且通过将研究对象从一种英雄式的表述方式——如尼采笔下的超人、卡尔文主义的家族模式或所谓的"真正的存在主体"——转换为主要参与者，伊东丰雄揭示了当代思想的兴趣已转移到一种特定的匿名状态上——即彼得·艾森曼所称的"任何人"（Any），并通过他对其研究的方式也命名了这一群体——这一趋势是对过往西

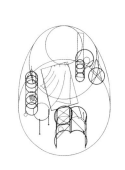

伊东丰雄，蒙古包1号。
模型的轴测和实景图。
东京游牧少女在里面
装扮停当，抿着开胃酒，
开始读书。1985年。

方思想中英雄式的、男性中心主导的主体的一种明显反抗。

从这个角度来看，住宅这一私人空间的完全颠覆也就不无道理了。住宅作为一种形式、一个可被整合的模块、一个可识别的整体、一个划定区域的内部空间，已经变得不再有趣，也不再是任务达成的场所。重要的是它已成为游牧少女实现生活的环境。这同时也问题重重：一系列物品与陈设不再是技术或记忆的标记，而只是一些享乐的工具，而过往的私密空间将被瓦解。这些物品的选择与游牧少女日常的主要活动息息相关；它们往往与她的日常生活有着直接而密切的联系；如装扮（梳妆台）、获取信息（电讯操作台）和休息（桌子和椅子）。过往的功能主义、存在主义及现象学的观点被颠覆为一种纯粹消费主义式的享乐。这种享乐通过诱惑的机制达成（享乐主义少女正在打扮自己准备出门）。这种由经济产生的存在的不定式，将人造物、机器、家具和装饰等转化为物体。

这个游牧女孩寄生于城市——这可被理解为她的休闲和工作的基础设施——房子和私人空间变为一个极其弱化的点，其存在的意义仅在于满足她为外出约会而梳妆打扮的需要。

游牧少女的住宅在都市面前完全灰飞烟灭。她的游牧行为是都市化与消费化的，一切都发生在人居密度最高的都市——东京。游牧少女从不抵抗或主动行动——消费主义者从不主动对周遭环境采取任何行动。她已准备好随时成为参与都市环境所创造的活动的客体。她的存在是一种自我燃烧（immolation），当中体现了消费主义并呈现出物理形态。对于这座在其中工作、交通、家庭、休闲的城市，对于这座她生活于其中的作为生产机器的城市来说，东京少女的存在是显而易见的。如果她的帐篷来到这座都市，它将浮游在都市的上空，特别是那些特殊的地方，如瞭望塔、摩天大楼或购物中心。它们就像昆虫或萤火虫一样，聚集在都市的灯光繁华之地，这些地方成为一种第二自然，使得大家可以在其中漫步和消费。之所以认为这个游牧少女是寄生的，是因为她从不像那些固定居民那样从事任何生产。尽管如此，她仍在后工业资本主义机制中发挥了作用——她的消费活动正是这一机制的基础：

伊东丰雄，蒙古包2号。轴测图（1986年）和1989年为布鲁塞尔Europalia艺术节所做的原型的全景图。

伊东丰雄，蒙古包2号。城市全景。数字蒙太奇，1986年。

它避免了商品的过度积累，并调节了商品的流通（需知，日本政府总是引导居民进行更多的消费）。

没有人能像哈维尔·埃切尔里亚在他的文章《电信都市国家》（1994）里那样，清楚地解释当代社会存在的悖论，即：消费已经成为一种蕴含生产力的时间。在"电信秒"（tele-second）所代表的总体矛盾中，过往被动式的休闲行为已经转化为一种财富的创造。"电信秒改变的不仅是生产方式，或者说不只是生产方式（和消费方式），而是生产、贸易、消费三者之间的三位一体结构。[……]电信都市国家颠覆了市场的结构，使消费者在实际购买行为发生时花费的不是金钱而是时间。[……]许多休闲形式已被转化为生产性劳动。在许多情况下，人们没有意识到他们在享受休闲时实际正在劳作。因此，新游牧者所栖居的城市既有着物理的存在，同时也被不可见的信息和经济流动所塑造。信息流和经济流的持续涌动将为城市带来尺度上的剧烈改变：后人本主义时代主体所生活的都市就是整个世界——我们往往称之为"国际都市"或"通属城市"。这是一个与科学发展和市场经济有着内在联系的实体。土地成为剩余价值流通的基础设施。土地的管理不再像工业城市对剩余价值进行地理集中，而是通过利用发达地区和不发达地区的对照而实现经济整合。

大卫·哈维曾指出，信息技术的无所不在和资本逻辑所强加的空间—时间压缩，是资本最显著的特征，而这一特征将改变人们对城市和土地的观点。雷姆·库哈斯的《通属城市》（1994）——作为对20年前《癫狂的纽约》中理论思想的修正——对全球化及其匀化机制的一种愤慨的论述，所引用的参考不是曼哈顿，曼哈顿太过精确和"欧洲化"——从文化角度来看，它太完善了，而是东南亚急速增长的城市现象，巨型都市（megalopolis）的爆炸式出现，在这里市场经济、灵活累积的组织方式获得了全球化的植入。一种新的环境正在这些城市中形成。这是一种难以辨别的环境，它既非自然，亦非人造，犹如一种第二自然、一种连续景观。它是同质且流动的，当中的生物现象，如生长、倾废、瞬间、自我的同一性、暴力和变化，我们仅曾在自然中看到过。《通属城市》的文字中描述了一种模糊的图像，这一模糊图像使一切均质化，同时亦加强了构成其本身的非稳定性；这也再次印证了其主体本身的匿名性与不精确性。

现在回看小屋漂浮在东京上空的图景，我们可以理解城市是如何

雷姆·库哈斯，
《通属城市》，1994年。

逐渐被数字化并变成一种模糊的物体，从而失去其本身的特征并沦为"通属"城市的。我们亦可以理解，这些小屋像寄生虫一样栖身于这一近乎自然的环境之中，其存在本身亦处于一种若即若离的状态。它们本身只通过极其微小的尺度与自治性来区分自己；不构成任何社会集体；所处位置完全偶然而非连贯。源于系统外部而作用于内部的不同的定位，就像定义它们的地形地貌一样，恰好以体验城市和私人领域的形式强调了他性。隐私已被简化为一层精致的面纱，就像第二层肌肤一样包裹着若干物体。像原始小屋那样，它们宣告了一种置身当代世界的方式，被其不安定所撕裂，没有记忆或未来，在与其相类似的有着持续不断的信息的当下以及永远无所不在的空间中。后人类主义主体从外部临时占据了这一岩浆，其混乱的组织规则丝毫不适应于他。他像寄生物一样，既生活在内部亦生活在外部；从来没有获得内进的邀请，却也不是天外来物。因为他履行了系统的一部分职能，从而成为整个系统的一部分。正如伊东丰雄描述的那样，他们是"媒体丛林中的人猿泰山"。这些主体从通属城市获得了他们的属性，但他们之间并不平等。正如看到风景的往往是过往的路人而非当中劳作的农民，这些主体只是全球城市中的游客。他们的立场是异位的，总是从外部观察这个世界。他们并不真正地厌恶它，只是想临时占据它。他们总是在行进，这种灵活性正是这些主体的要义。他们的空间概念中没有底图关系，只有一种流动、连续的旋涡。这正是游牧者的感知，由连续性和奇异性组成的空间，"平滑"空间，德勒兹以"阶层化"空间与之形成对比，后者适合于定居观念、机构性的城市和家庭。

我们应如何理解这些"新泰山们"居住的小屋本身的物质特性呢？当中又蕴含着怎样的技法？我们此时不妨探访F.O.A.建筑师事务所在1996年设计的"虚拟住宅"。这幢住宅没有客户或场地，而是源自一场由"Any"组织的建筑研讨会。Any是以彼得·艾森曼为中心的"后人本主义"传播媒体：一种典型的定位和诉求，以探究建构后人本主义住宅的新的价值和技术。这正是其创造者所想象的，它作为洛吉耶长老所提出的原始棚屋的一种演绎，通过游牧者主体的关注而实现。在这一主体看来，自然不再是纯净的

F.O.A.建筑师事务所
（Farshid Moussavi & Alejandro Zaera-Polo），"虚拟住宅"全景，1996年。

处女地而是一种文化构造，其真实本质是数码化国际城市的一种启发式隐喻。可以说，他的看法将继续被德勒兹关于平滑空间的观点所浸润；景观是一种连续的物质——即城市本身——被正在消失的、临时寄生的线所穿越。房子的确切地点不过是轨迹的密集之处，一个结节，一个强度集中和扭曲的旋涡，以便用最小化的表达对住宅进行定义。轨道将自身折叠起来，成为一条莫比乌斯带，既是一个外部——其轨迹——也是一个否定内在性（抑或亲密性？）的内部——作为其置身世界的激进的形式。在最后的分析中，它把他的轨迹恢复到了游牧民族，其相对于城市/世界/自然这种连续而均匀的物质具有不合常规性和个体性。这种材料与亚里士多德关于身体的定义完全相反，他将身体分为形式与材料。与形式质料说（hylomorphic）关于形式固定和物质同质的观点不同，德勒兹强调"运动中的充满活力的物质性，是异常或个体性的载体，个体性不再是隐含的形式，而是拓扑的而非几何的，往往与形变的过程相结合：例如木材纤维的弯曲和扭转"。我们可以在草原、沙漠、海洋或冰上发现这种属于德勒兹的平滑空间的材料性："沙漠和冰原非常相似：它们的天地交界之处并不存在一条明确的分界线；没有中距、没有视角或边界，其能见度亦非常有限；然而存在着一种非常精细的拓扑结构，它并不关于任何的点或物体，而是关于个体性以及关系的集合（风、雪或沙中的起伏、沙的坍缩或冰的开裂，以及雪和沙两者的触觉特性）；这是一种'感触式'的空间，一种声音响亮的而非视觉的空间。"

这一"原始"小屋之中蕴含着一种观察自然、物质和形式的完整的结构；这种观察方法并非偶然，而是与过去一个世纪里，科学在演进的过程中不断探寻对于复杂现象和混沌中的秩序的解释，通过在复杂的不稳定的现象中对于其研究对象的每一次确认而将人文科学与精确科学更紧密地结合起来，息息相关。这正是伊利亚·普里高津等学者们关心的问题。因此这与科学知识边缘的任何天真观点无关；事实上，游牧者与寄生者将由此受益，并决定他是否属于信息领域抑或有着无形的存在；知识使其能够决定自己是否在场并成为城市／世界／自然物质的一部分。因此，他所身处的这一循环本身就是模拟的——它每次都伪装在自己组织的环境之中。然而，我们无法直接为这种材料命名，因为它是一种现有材料数字混合后的变形产物——如混凝土和军事迷彩纹理——直到成为具有观赏性和连续性的建构式物质。同样，它将转而使用数字化的表现形式——就像伊东丰雄设计的东京游牧少女包的城市拼贴一样——视频可以复原这个不可见的、流动的主体在边界连续进出的经验。平滑空间的拓扑观念，与传统住宅的几何布置相反，其材料组织以及表现形式，全都汇集在项目所需的计算机技术的操作系统之中。它并不是一种纯粹的工具，而是一种媒介，后人本主义住宅所构思、建造与栖居的媒介。

计算机技术并不是一种机会主义或随意的操作系统，存在于与后人本主义住宅有关的这里所描述的事物的边缘，而是一种媒介，使人们可以将那些虚拟的和真实的作为持续动态过程的一部分与之一起工作。"真实／可能"二元性拒绝这种持续动态过程，而总是通过对立概念定义自身。计算机技术使人们能够连续地实现并转换图解和动态过程。因此，它使人们可以以新的科学和生物学发展所要求的复杂逻辑进行流动式工作。一位理论家对复杂性有过这样的描述："所有的复杂性都将朝生物学发展。"这也说明了为什么我们需要计算机来研究由游牧者的模糊存在构成的模糊都市模型。这一流动的生活空间要求我们借助一种精确的物质——图解——来对无形物体（动作的标识）进行思考。后结构主义建筑曾借助图解来处理不可见的材料逻辑，同时解释和构造现实。正如萨佛·昆特所强调的："虚拟与现实并非通过转置（transposition）这种'正在成为的现实'相联系，而是通过整合、组织和协调来实现转变（transformation）……现实是一个流动的、在时间上不可缩减的实现过程；世界就是图表的一次剥落更替。"后结构主义的模糊主体和不稳定的混沌科学有着共同的"生物逻辑"，这一逻辑通过计算机迭代和迅速激增的能力，再辅以动态图表，就接触到了那些方法，能够使那些无形的和流动的成为可见的和物质的存在。

在这关于生物学、解构主义和计算机科技的科学、哲学与技术的统一之中，存在着一种危险的客观决定论。它结合了有机主义、实证主义和工业化，从而使现代正统的客观主义外观成为独特的操作模式。图解的应用意味着从行为式和抽象的角度来观察通属城市的居民。这一思想把常规的行为和习惯当作一种被组织的材料。根据前面的分析，文化角度的差异（其他思想的主体）将被消除，建筑师不再是这种机械程序的负责者，亦不再扮演奥威尔式的老大哥的角色以引导大众走向功能主义。20世纪的历史告诫我们不要沉迷于这种（功能主义）幻觉。在这一机制中，建筑师试图把自己定位为评论家的角色，但我们仍很难完全想象自己能做到这一点。彼得·艾森曼和格雷格·林恩等人的设计和写作，仍在尝试重新定义建筑师的工作流程、结果和责任（或角色）（参见1997年出版的马德里《建筑素描》杂志第83期中的《十种间隙过程》和《一场对话》两篇文章）。后人本主义住宅使建筑师参与到

一种机械式行为之中。它已影响当中的主体、物质和空间的城市
模型、操作系统，却仍未被完全接受。反过来，这在本质上其实是
一次非终结，一种建筑师行为的随机操作，其目的在于摧毁真实
世界的外观，并把不同虚拟体物质化，从而使其扩散，而其唯一
可能的目标是"发现在某一特定时刻被惯例或规范压抑的一切"。

要结束这次探访并非易事。首先，我们感觉好像还没有完全身临
其境，因为这个住宅本身就很难进入和"占有"。其次，这种感
觉或许可以理解，但我们也不无沮丧地意识到它并非出乎偶然，
而是构成游牧者寄生存在的一部分。不曾拥有任何物品，不曾
居住于任何私密空间，不曾接受任何"富有教养"的存在主义规
范——这一切都构成了游牧者的特征。此外，看完了以基顿的愤
慨或格雷厄姆的改建为代表的传统房屋的夸张描述（caricature）
和"东京游牧少女包"，尽管后者非自愿地形成于对已建立秩序的
既疏离但同时又拥有、掌握，或者虚拟住宅本身的几何迷宫般的
旋转使人在其中将永远无法"存在"（达到预想的某种状态）而只
能成为（只有现在进行时），看过了这些之后，我们可以发现设计
的重点在于激发一种疏远感，从而刻意尝试抑制所有整体和统一
的图像。它们似乎是由一系列相反的概念构成的，进而与其他原
型和范式形成对立，直到把它们变成夸张描述的一部分。

我们自然也明白，这一切都是既定的事实。解构主义动态（其意
图和目的）都注定如此；在刻意疏远的同时，质疑对日常生活强加
的价值观念；我们最后的分析表明，这种思考住宅的方式包含了
一种与公共和个人领域相对的自由投射（project），甚至要以对主
体的质疑或主体的极端平庸化为代价。后人本主义住宅中没有任

何的亲密关系，也没有任何提供慰藉的舒适方式。它不是通属城市的避难所，而是一个观察点；简单来说，它是一个歇脚亭。这不仅是一种智慧上的挑战，更是通过冷峻的激情来探讨那些日益明显的问题，那些由经济和科学发展所带来的环境问题。因此，尽管存在着具象的隔阂（或许也正因如此），没有人能完全感知到这种思考、建造和居住的方式。我们都将继续在这一城市模型中成为游牧者和寄生物。我们的生活和工作方式在一定程度上都带有一些基顿和游牧少女的影子。本书的实现正是通过寄生于一系列价值观和家庭观念，通过探访他人的建造而居住在他们的幻想中。在某种程度上，本书的所有内容都可以被解释为一种对价值的解构。最终，解构亦不过是一种批判式的语言分析。我们不能把自己和这幢住宅割裂开来。相反，我们必须把它看作是一种预示着未来全球性居住类型的居住形式，迥然有别于传统文化领域的泾渭分明。这种居住形式也将挑战公共和私人的界限和基础。这种居住形式的运作基于现代城市传统（确切地说它在现代城市的褶缝里运作），它不应被看作是对旧的资产阶级城市秩序的破坏，而应被视为揭示了其他可能的平台。在这些新的可能之地，将产生交流，或许也正在衍生平行的公共和私人的生活方式，更适应我们生活转变过程的方式。

7

更大水花：
实用主义之宅

当大卫·霍克尼在1967年绘制《更大水花》时，他应未料到这幅画竟会被理解为一则绝对的建筑宣言。毋需等上太久，霍克尼在1973年就见证了自己的作品登上雷纳·班汉姆最广受好评的著作《洛杉矶：四种生态的建筑》的封面。霍克尼的画整合了一种对20世纪建筑、城市以及它们与自然的独有关系的理解：这一关于思考、建造和居住的思想源于美国，却兼具一种普世性——除了因为霍克尼和班汉姆的欧洲背景，这一思想在其他大陆的迅速传播并广为认同的事实也证明了这一点。从19世纪中到20世纪初，这种对住宅的理解准则一直被实用主义哲学家们如威廉姆斯·詹姆斯、查尔斯·桑德斯·皮尔斯、约翰·杜威等人整合到他们的思想之中。他们关于理论与现实的关系中理论的角色的思考，支持着一种民主的、多元的和进步的社会形式，当中的行动力则是欧

大卫·霍克尼，
《更大水花》，1967年。
©伦敦泰特美术馆

洲实证主义或其他形而上学思想从未有过的。这派哲学思想近来被理查德·罗蒂重新激活，并从许多建构形式中为思考当今的后人本主义提供了另一种途径。罗蒂在1989年所著的《偶然、讽刺与团结》一书，将陪伴我们走过这次实用主义建筑之旅。

让我们来一探霍克尼给我们留下深刻印象的那幢住宅。其唤醒了我们记忆中1950年代洛杉矶的许多尝试，尝试去定义那些可以建造得现代、经济和简单的住宅。这里有必要直接指出，实用主义住宅与塔蒂所讽刺的实证主义住宅，虽然这二者在20世纪的历史叙述中常被混淆在"国际主义"这一从欧洲出口到美国的现代主义概念之中，但实际上它们几乎毫无干系。霍克尼的这幢住宅，以及它对"存在"的理解中体现出的愉悦与轻松，与实证主义参考体系和价值观相去甚远，它将使我们通过一种绝对的自治性重新确认一种当代文化中尚未消散的居住传统，并展示出一种能够改变与适应的活力。这种活力恰是实用主义思想的根基。

当詹姆斯指出哲学应该摒弃追寻作为特殊思想物的绝对真理时，他其实是在强调"变化"这一概念。根据詹姆斯的理论，真理碰巧追随了某种思想，"它抵达真确，通过事件变得真确"。他并不否认真理的存在，但他相信真理具有某种视情况而定的特质。真理是一个过程，在这个过程中现实与思想彼此适应。詹姆斯认可这样的观点：真理意味着对世界的认同；真理是一种与世界相适应的关系，而这一世界则反过来被思想的实践所改变。在实用主义思想中，思想与世界（理论与实践）不应分开：二者之间呈现出相互建构的关系。"真理"这一概念是一种人为的创造，而经验证明这种创造往往是偶发的；它所产生的语言亦然。"这是一支行进中的隐喻军团"，罗蒂将会引用尼采的这句话来解释观念的历史。哲学家、科学家或艺术家的工作，无非是借用突变的经验对现实进行"重述"；而这种隐喻式的重述正是创造者的独特任务。这种新隐喻的创造将引导我们摒弃陈旧的语言并创造新的词汇："有趣的哲学从来不是对某种命题的优缺点的解释。它通常是已成妨害的固有词汇与半成熟的、模糊地指向美好未来的词汇，二者间或含蓄或明了的争论。"这种竞争往往通过"用新方法对许多事物进行重述，直到创造出一种新的语言行为模式为年轻一代所接受，并因此引领他们去寻找非语言行为的新形式，例如接受新的科学仪器或新的社会制度。这种哲学并不在于对个体逐一钻研、对概念逐一分析或对论点逐一测试，而在于整体地、求实地探究。它往往会提出'不妨这样思考'，或更具体地，'不妨忽略明显无用的传统问题，用更有意思的新问题取而代之'。它并不像以往那样，装作会有更好的方式来完成同样的旧工作；而是建议我们应停止这些工作并转做其他事情。这种建议的根据并非新旧语言游戏的固有标准，因为在新的语言里，这种标准不复存在。因此，我不会反对我想要取代的词汇，而是通过展示我的词汇可描述话题的多样性，来吸引更多的支持。"

实用主义与其说是一种哲学，毋宁说是一种方法。这种方法没有教条，其"理论恰是工具而不是对谜团的盲从"。它是一种将真理转换为现实的方法，重新阐释并持续转化信仰和语言与我们的经验之间的关系；它从现实世界的偶然性及其表现中汲取能量。这种思考方式其本身并不是作为其他思想的对立面而建立起来的，而是通过与其他思想的交汇使之转化，并建构起一种独特的"对话"。随之而来的是新词汇的产生，其有效性不在于真确性，而在于"逼真性"以及其通过经验在他人身上创造出真理的效果的能力。詹姆斯以酒店走廊为例，酒店各个房间中蕴含的不同世界观在走廊交汇并产生广泛而有意义的交谈，在这里，"交谈"是一种实用主义的隐喻。与"交谈"这一意象相关的社会模型当中，每个人都可投身于一场公开的、无法预测且没有终极真理的讨论。而创造者，即艺术家或哲学家，以"评论家"的身份聚在一起，把现实世界作为受质疑的材料。他们的条理性必须在对知识的探寻中持续更新，并通过这种探寻塑造思想的历史。对把确切性与客观性作为思想目标的摒弃，正是实用主义思想在当今社会中的重要性所在；它以某种乐观的精神把创造者，或者说建筑师，置于一种异质的、不稳定的环境之中，并认为这种不稳定性与异质性并非令人厌倦的意外，而是一种宝贵的富有创造力的材料，是实用主义想象的真正客体。

这也是一种愿景。它远离实证主义的信念、远离他们的社会抽象以及被教化的结局，远离任何将科学家视作"造物主"的想法。对于实用主义者来说，科学的经验意味着对客体的解释并非唯一。不同的思想暗含着不同的物质实践，而所有的理论都可被用来对自我与世界进行重新描述。不同物质与文化实践的技法将成为一道地平线、一种想象的尽头。这正是关键所在：当中思考与创造的能力以及随之而来的发明、转化与操控，将真正为实用主义的想象力所用。正因如此，建筑师们将掌握并运用这种与生俱来的敏感，进而拥有一种技术性与方法性的知识。

与庞大的实证主义社会机器相对，实用主义提出了一种个人化的、主观化的世界观。也正因此，它倡导一种与实证主义的终极目的论迥然不同的时间观。实用主义所关注的时间存在于事实（prag-mata）之中，即"当下"，不是记忆缺失的时间，因为它通过一组向前迈进的隐喻及其交汇后产生的新的隐喻来保护自己的记忆。正如杜威所言，它"用过去的成功来引出当下"，而未来"只不过是一个许诺，像光环一样环绕着当下"。这是一种被当下的经验和个人主义两极化了的时间。与之相关的是我们的主观意识，而非个人的遥远起源或集体的未来命运；它当中承载的任务超越个体完美与自我意识。

实用主义的主体是每个人关于自身的个人化的艺术创造。一系列的经验、隐喻与语言塑造了个体的身份。罗蒂称自己为"自由的讽刺主义者"。之所以为讽刺，是因为其明白身份的偶然性并不取决于任何的真理或本质；之所以为自由，是因为他提倡的社会模型是基于一种志同道合的主体之间旨在减少甚至避免磨难与痛苦而建立的一种"公约"："我的观点是确有道德进步这一说。这种进步是沿着人类更团结的前进方向的。但这种团结并不应被视作对每个人类个体的自身核心的认同。相反，这是一种重视我们共有的痛苦与谦卑而非传统差异（部族、信仰、种族、风俗等）的能力；正是这种能力使每个人把其他不同的人视作'我们'的一员。"

上述阐述看似有些许离题，但若回看霍克尼的画作，或去欣赏朱利乌斯·舒尔曼在同一年拍摄的加州案例住宅照片，或想象置身于亚历杭德罗·德·拉·索塔用来描绘其阿尔库迪亚住宅（1984）氛围的草图之中（我们接下来将一直关注这几个案例），我们或可更好地设身处地理解个体与世界的概念。这几张图景与实用主义有着明显的联系。这是一种充满喜悦的日常存在，亦可被理解为

亚历杭德罗 · 德·拉·索塔，阿尔库迪亚住宅。
马略卡岛，1984年。
草图、立面图、平面图和组团关系。

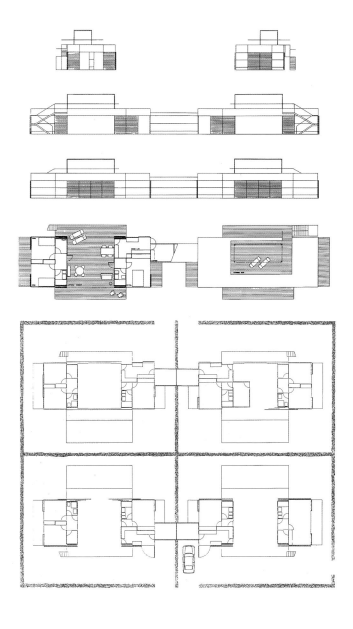

一种平凡的状态。它的建构来自一系列技术与方法的运用，继而又消逝在对谈、阅读或跃入水池的愉悦之中。值得注意的是，建筑在这些图景中几乎退到了从属的境地，几近消隐，是为了在揭示场景时渲染"自然"。所有自然与人工的元素展开一场对话，而这正是一种实用主义思想的隐喻。

那么，实用主义住宅建立在建筑与艺术的什么思想之上呢？这种住宅的范式与价值观是如何被物化的？前文中已经谈到，实用主义关心的时间是"当下"，经验的特定场所。但这并不意味着一种英雄式、史诗式或单一的存在经验。当下是日常经验所产生的场所；这一"此时此刻"的时间点常被其他思想形式忽略。实用主义的奥妙正在于把日常当下转化为创造力，洞察其中的诗意根基，并由此建构出个体完美。正如约翰·杜威在1934年的《作为经验的艺术》一书里（这个书名本身就已很具描述性）清晰明了地阐述的："这一任务在于重新修复微妙与强烈的经验形式二者间的连续性。这既是艺术创作也是日常事件。成就与苦难应一同被视作组成经验的元素。"他继而警戒我们道："最值得我们思考的是，生活发生在环境中。这不仅仅是说生活发生在环境里，更在于生活源于其与环境的相互作用。"因此，经验的自治性是不存在的；它因环境与日常现实不断相互作用而产生。

建筑以及其他艺术扮演着搭建日常生活架构的角色。这将规制环境与本体的互动，因为"物体应是被经历的，但并不是由此组成经验本身"。要制造出如此的经验，就必须要有一定的情感统一、美学质量与一种输出能量的"结点"。艺术作为视觉物体，也是通过类似的方式，使自然环境被转化成一种经验、一种戏剧化景观的美学感知。艺术、建筑乃至住宅，将因此获得一种与这一景观之间的情感联系；它们承载了类似的经验。这种把艺术感知作为日常经验载体的观念，作为我们的存在与制造这种存在的环境之间的调控框架的观念，我们已无从判断其是否新颖。但在1934年，当波普艺术尚未重塑我们日常的诗意愿景时，当极简艺术尚未将对事物的体验与其周遭环境联系起来进而使之问题化时，当地景艺术尚未将自然环境作为一种可塑的元素进行实验时，实用主义已经对传统意义上艺术实践的单一经验性作了重要转化，并为上述艺术形式的产生夯实了基础。

现在，我们有了足够的评判工具去列出实用主义住宅的范式，也有能力清晰区分实用主义与实证主义这两个常被联系起来的概念，那么不妨再来观察一下实用主义住宅。这是一幅日常景象：我们跃进加利福尼亚住宅前的游泳池，水花飞溅在泳池上空，精炼的建筑线条形成框景并反射出其他相似的线条，棕榈树与蓝天散发出芬芳、洁净、静谧的亚热带氛围，水平的线条中透出平静，平涂的温润颜料中带着浅显——现在我们可以诉说一项关于日常的乐观愿景，一个作为美学体验的平凡瞬间，一个自然与人造环境间互动而成的空间，一种创造舒适的技术应用，一次对个体愉悦的合理向往。在霍克尼及其他波普艺术家的作品中，这种对"此时此刻"的向往常被描绘成一种身处宇宙中心的存在状态。

让我们走进那幢位于西班牙阿尔库迪亚的住宅，沉浸到人们一边交谈、一边用双脚在泳池中拨弄水花的场景当中。正如德·拉·索塔描绘的其他景象一样，建筑被消融在氛围里。走进这幢住宅，你很难不感受到清爽的微风、曼妙的阴翳与隔栅背后泛出的灯光。

尽管有着完美的现代人工氛围，这个房子却像机器一样，再造出传统农宅的新鲜气息与阴影。正是这种气息使那些带着阴影、有着长长的起居室与马洛卡式帘子的传统农宅变得如此怡人。一并沁入肌肤的还有生活的轻快、近旁的大海与随之而来的剧烈幸福以及缓缓而过的时光。此时我们会想起毕加索的地中海住宅里那些欢快的场景。这是一种象征永恒快乐时光的纯粹经历。

这一隐匿的记忆中最有意思之处在于其技术上的确切性。它明晰的建构来自对地中海建筑手法的运用：传统的覆土保证了私密性并增加了热容量；屋顶被用作日光室，露台则面朝大海；平面的布置围绕长长的中央房间展开；隔栅与制动式外墙的应用；游泳池的配置使空气流通并把和煦的日光引入起居室，与不远处的大海形成呼应；雨棚与凉亭以及沿着场地边界布置的大树把场地描刻出来并延伸开去。德·拉·索塔把他钟爱的这个设计描述为一场由技术触发的纯粹感官体验：我们只需阅读他的笔记就可以发现，他在这一项目中所追寻的核心概念，恰在于这种非物质的介入。这是一种用空气构造出来的设计，让空气去激发幸福与欢乐的环境。我们的想象力因此被投射到一场假期与一栋地中海建筑之中……正如德·拉·索塔写的那样："建筑是我们呼吸的空气，当中充斥着不同气息；这种空气其实是从同一个事物转换来的，也即建筑。"

让我们把视野切换到舒尔曼镜头下的皮耶尔·科尼格1959年设计的住宅，以及舒尔曼这位伟大摄影师精妙的布景。舒尔曼缔造了案例住宅的深远影响，而他本人就住在其中一幢最典型的案例住宅里，由拉尔夫·索里亚诺设计。在舒尔曼的镜头中，两位女子正在闲适地聊天，洛杉矶的夜景从她们脚畔向远方渐次展开。她们的休闲时光让我们了解到实用主义住宅的主体与发展脉络。我们可以把它与海德格尔住宅中的沉重场景相比较：在那里，成熟、稳重的主人在黑暗中注视着我们，而他体贴的妻子正在阴暗狭小的室内做饭。实用主义住宅自有其本身的主角，即在其他住宅原型中往往被忽略或作为背景的女性。她自觉与其他人是平等的，自由地栖居在住宅与城市之中：她不是东京的游牧少女，因为她不是传统女性，亦不沉迷于消费主义；她是一位自由上进的女性；她一百多年来的愿景与抗争构造出"家庭"的概念。实用主义住宅没有属于它的CIAM国际现代建筑大会、任何科学方法或最低生活需求标准。它的家庭性被经验式地削减了；它不能太大（空间的表现性不是问题，关键是它的维护），也不能太小，因为每位家庭成员必须有足够的空间独立生活。实用主义住宅是为家庭——或家庭在当今的任何变体——而设计的，家庭的组成如今已经被简化了，每个家庭最多只有两代人，传统的家庭角色如父亲、母亲、儿女已经被相对弱化，而个体的独立性则大大增强。这一机械化的住宅尽其可能避免无用的功能，并假设佣人不再存在，这在其他的观念中被各种空间手段隐藏了起来。

实用主义住宅的发展建立在一批女权主义者的抗争的基础之上。从1868年前后起，她们对住宅作为一种奴役的空间、女性的"苦难"的空间提出异议，妇女的家庭劳动有权获得报酬第一次被提上社会议程。传统的社会空间组织架构因而被质疑。多洛斯·海登在其1982年出版的《伟大的家务革命》一书中描述，这场女权唯物主义质疑了许多社会形式，从最激进的乌托邦社会主义和马克思主义，到其他相对温和的道德准则。这些形式中不变的是女性的角色：她从不被重视，被永无止尽的日常规则束缚着，导致

案例研究住宅22号，
好莱坞山庄别墅，195◯
建筑师：皮耶尔·科尼※
©Julius Shulman

伊姆斯夫妇在自家
住宅的客厅里，1958年。

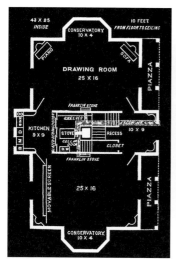

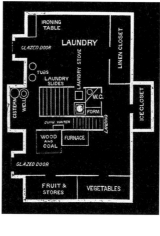

完全的异化。为了反对这一现象，麦鲁西纳·费·皮尔斯提出
成立合作社使家庭工作集中化，凯瑟琳·比彻则提出通过技术手
段实现这一目标。"消灭苦难"这一主题一直与实用主义的进步
社会思想联系在一起（有时这些思想与他们的个人生活融为了一
体，如麦鲁西纳嫁给了与詹姆斯共同发起务实思想的查尔斯·桑
德斯·皮尔斯）。凯瑟琳·比彻在1841年发表了《关于家庭与学
校雇用年轻女性的家庭经济学论述》，1869年又与妹妹哈丽雅特合
撰了《美国女性之家》，这两部著述对实用主义住宅的发展有着巨
大影响。它的前提，即家务劳动的专业化，启发她设计了一个以
效率著称的住宅原型。这一住宅原型将若干当时最先进的科技如
供暖、通风、管道、灯光与煤气灶整合起来，以简化维护并强化空
间的灵活性，减少了服务空间面积。在比彻的设计中，空气第一
次不再是设计中的被动角色，而是成了家居设计中主要的关注点：
住宅变为技术的集成；这代表了一种观念和组织方式的剧烈改变。
住宅此时成为一种技术核心，而不再是当时维多利亚式小资住宅
的定式。如班汉姆在1969年的《环境调控的建筑学》中写道："这
一切都通过排气管道得以实现。所有的设备都围绕着它，输出新
鲜空气与热水，并收集排放污秽的空气。这种环境'树'以及其
分支管道的意义，在于它将传统住宅外墙的两大功能剥夺：隔离
外部天气与引入光照。外墙与火炉、烟囱、水管被分别剥离开来。
厚隔热层的消失使得轻捷木骨架结构得以实现。"比彻"第一次向
我们展示了一种集中式服务核心，其建筑平面的布置不再是房间
的聚合，而是自由空间的布置。建筑平面开放，当中具体功能由
不同的定制家具与设备所定义。这也启发了巴克敏斯特·富勒于
1927年提出戴美克森式住宅中的功能排布。"

这种关于环境的观念与建筑表皮的轻质化不仅影响了富勒，也启发了弗兰克·劳埃德·赖特。赖特的技术与空间思想可以被看作是比彻方案的风格化。虽然可以对这两位创造者进行更多研究，并追溯现代实证主义在实用主义住宅中的独立轨迹，但我们更感兴趣的是：在比彻姐妹的先锋方案与随后的实用主义住宅实验中，尺寸是如何被作为一种问题来看待的；与尺寸相关的问题是家务劳动和女性经历的苦难，而当中的要务是尽量减少服务面积。柯布西耶"为了防止串味"而把厨房布置在二层、远离一层餐厅的做法自有其不妥之处；而其300平方米的新精神住宅（以及密斯的合院住宅）与普通的90~100平方米住宅（许多公共住宅的标准大致如此）相比，我们可以发现家庭去等级化的过程与女性的新角色带来的问题，并得以一窥实用主义者与实证主义者在技术发展的意义与功能问题上的不同看法。

实用主义住宅真正走向成熟是二战后许多军用工业生产技术被运用到民用产业上之后。舒尔曼正是从这个时候开始着手记录20世纪的住宅。此时，约翰·恩坦萨主编的女性杂志《艺术与建筑》决定将理论与实践整合，发表了一系列应对技术与文化变化的实用主义案例。伊姆斯夫妇、拉尔夫·索里亚诺、皮耶尔·科尼格、克雷格·埃尔伍德等建筑师将约翰·恩坦萨视作一位抽象的客户，将洛杉矶作为环境媒介，来实现从19世纪的手册里就已首度出现的实用主义住宅概念。这一集体冒险之旅，恰被另一位女性埃丝特·麦考伊收录在《住宅案例研究1945—1962》一书中。这次冒险使实用主义住宅与其在思想方面的高度一致，在物质层面终于转化为现实，并呈现与其所处时代的技术导向相一致的规划技术。战后，技术核心与环境设备不再使住宅的布置两极化。

住宅的技术核心不复存在，而是被分散化。从核心式布置解脱后，住宅可以被打开，迎合更为延展与均质化的架构，当中的空间方位或大小不再反映传统等级观念。整个住宅被组织成由许多房间以简单的形状经济地组合在一起。

家务劳动的减少意味着建造过程工作量也相应减轻：设备与技术的精简化被扩展到整个房子的各个角落。构思、建造与居住在这所房子里的舒畅感，与当中技术的复杂性形成反差。现在时间被理解为一种材料，一种建造材料，是最有价值的材料，那么，把时间最小化就带来一种抽象的经济价值，一种与存在有关的特质的表达。在她的书中，埃丝特·麦考伊收录了一系列房屋施工过程的照片，并将它们最基本的技术特征用一种非常直接的方式展现出来。实用主义空间存在于持续的当下，往往缺少目的论式的

意义以及原生的或超验式的基础。它的范式是瞬间的舒适感，与之相关的机械化与人体工学化的空间与家具常以近乎合理的形式存在。实用主义的室内空间里，个人与集体空间的平等共存，而机器设备保证了其舒适的环境体验。公共与私密空间原本精确的边界因此被模糊、缓冲。汽车、电话与电视等机械设备为室内空间带来海德格尔眼中的肤浅性与非原真感。其实，传统意义中家庭的连续性、内部等级和与之相关的室内配置，已随着公共或过渡空间进入住宅而完全反转。但流动性与媒介化的入侵不仅削弱了实用主义住宅里海德格尔观念中的原真性，还使整个住宅的物质性变得人造化、工业化甚至商业化。具体来说，它的建造是基于可从产品目录中获取的系统化了的工业产品，包括衣物、家具、建造体系等。因此，实用主义住宅的物质文化将服从于其外在表现与内在规范，而其潮流性决定了多变的特征，并控制了因纯粹需求而产生的功能调整。

舒适生活所需的装饰品及高效的工业生产将使这一平凡的空间成为范式：一种轻巧、多变、舒适和瞬时的空间，其最显著的形式表达是一种片刻的装饰，如旅行纪念章、童年偶像或自己动手做的东西等。当中最"经典"的来自查尔斯·伊姆斯手作的东西以及他基于人体工学设计的家具。通过运用50年代的材料与技术，如压合板、模造聚合胶及轻质合金，他以舒适体验为目标，诚实地尝试做出经济、轻质且具有市场竞争力的设计。这种从展示机械原理中的现代性到研究人体姿态的兴趣转换，展现了一种随性轻松的美式"优良教育"的风格，与诺曼·洛克威尔的绘图或伊姆斯夫妇为自己所拍（带有些许欧式审美）的照片如出一辙。

机器不再是英雄式的；它变得真实、低调，且趋于消隐。对事物外表的盲目追求转变为对其舒适度的要求：热度、冷度、湿度、通风、光感、保温、隔音与安保。广义上说，实用主义的空气是一种被"调控"的空气。威廉·卡里尔作为一名理论家与出色的实用主义者，成为向世界推广空气调节技术的先驱。这一技术如今已和当代空间紧密联系起来，成为我们这个时代都市类型与形式中不可或缺的部分。

然而，机械手段的运用并不限于空调：建筑本身——它的区位及物质本质——可以为创造被动式的舒适环境提供条件。实用主义住宅可以平衡被动与主动空气调节技术：如德·拉·索塔在阿尔库迪亚的住宅中的空气，或如杜威关于周遭环境互动的思考那样，把一系列过滤空气的技术延续下来，从而研究当代空间、都市类型与形式。近年来，实用主义住宅的探索与生态议题愈发相关；这与文化和技术的改变，对环境日益增长的关注以及新式科技的引入不无关系。

让我们在美好一天的瞬间中重游霍克尼所定格的住宅，并将其与存在主义的风暴、现象学的雨和日落、东京游牧少女永无止境的消费主义之夜、尼采式的冥想时间流以及实证主义住宅屋顶上清教徒们疗愈式的户外生活相比较。实用主义住宅在特殊的"美好天气"条件下，展现出一种愉悦、无畏的身体享乐主义。在这花园之中，浇灌喷头正噗噗作响，泳池中激起的绚丽水花飘洒空中。这一日常的景象只有专注的双眼才能欣赏，当中的平凡时刻可以瞬间被转化为艺术品。这种专注的观察正是实用主义住宅的独特技术，凭由它我们才得以观想、建造并栖居其中。

那么，实用主义的物质性具体是什么呢？这种物质文化是如何融入其中的？我们已经提到，建造的技术简洁性直接反映了一种实用主义活动。因此，实用主义的建造方法及对材料的理解，类似于现代建筑师对工艺化系统与建造过程的态度（这也是为何它在许多历史材料中如此神秘）。然而，由于系统的消解、整体关系的弱化，部件之间的组成方式不再是关键，我们不再重点展示物体的机械外表。伊姆斯夫妇的住宅正是这种实用主义态度的典范。因当时的市场制度的关系，其拼装的部件与元素全无材料本身的特质，反而充斥着产品目录的临时性。随着实证主义的技术创新，建筑师的工作从效仿科学发明变为依照商业专利组织建造系统。建筑师不再有发明的快感，亦失去对细节的感知；二者的消失导致建筑的物质性将服从于市场。在这种商业精神的渗透之下，实用主义住宅不仅拥有商品式的瞬时材料性，而且成为一种待消费的超级物体（super-object）。这种超级物体将自动从形式上复制转化其居住者带来的物质文化：衣服、汽车、爱好、家具、器物，等等。

霍克尼的画作宣扬了这种精确性。一切事物，无论房子、天气还是自然，温暖、平和的色调及电影场景般的框景成为一种诱人的直接的广告形式；它看上去更像是一个舞台场景而不是一个现实片段。它虽不会激起"真实"的存在感或海德格尔式住宅那般对场所的认知，却有着瞬间、强烈的舒适感。这种舒适感，即我们所称的"幸福"，将随着实用主义物质文化逐渐增长。然而，实用主义住宅的营造及其物质性并不止于建造本身：土地的准备和对自然环境的调控，将构成整个系统辩证的反面，而建筑师则通过调控这些参数提升居者的幸福指数。霍克尼用两棵棕榈树构建场景的手法，有如伊姆斯夫妇自宅里人工搭建的平台与用桉树保护、过渡并将建筑延展向太平洋帕利塞德沙滩的做法，亦如亚历杭德罗·德·拉·索塔几乎将设计转变为对地形的调整。德·拉·索塔是这样解析自己的阿尔库迪亚住宅设计的："人类本身就是依地而生的。传统上，如果气候宜人，他只需要简单地对自己的领地做上标记，如同狮子的吼叫或狐狸留下的气味。但如果希望满足自己内心对隐私的渴求，他就必须在一方庇护的空间里工作和休息。通过把自己的家营造成一种庇护所，人实现了渴望却失去了自然。因此他又将寻找一种方式恢复自然——如果不能完全恢复，至少应是部分的。因此，合院应运而生。合院出现在各种地方，从庞贝到密斯，更不用说西班牙了：如果空间允许，它会被置于住宅的内部；如果现实不允许，它会与一段连续的墙相接。对拥有自然的渴望是如此的寻常，使得乡间房墙成为辽阔地景中最引人注目的特色。成千上万的岩石与砾石被用到最好的墙上，其意图在于通过这些墙来建造一种都市住宅以提供更多的隐私。当中的空间被攀藤植物和雨篷覆盖，这种手法使一小块土地也可以得到一幢显赫住宅的空间品质。我们将栖居在藤蔓绿廊之下。谁又不会想起那些筑路者或交叉路口工人的小棚呢？这被遮蔽的小露台也像是个

'望远镜'，使每个住宅可以望到远山与大海。再加上一个小的海水泳池。整个房子是预制的，可以被运送到任何地方，如马洛卡这儿。金属分隔、锻造金属板、工厂预制的部件、大尺度预制地板等，全都易于拼装。这不仅节省时间，更保证质量，并构造出与众不同的形式。其想法在于将房子打开，使场地、花园变为房子的一部分，并覆盖上花叶……最重要的是搭建一间凉亭/日光房。"

这段文字把实用主义技术与材料巧妙整合起来，从中我们可以回顾前文讨论过的所有内容：对土地的巧妙处理、商业化的技术、轻松感与灵巧性、利用过去来塑造现实——从密斯到本土的传统——实用主义的现实、激活空气、建筑作为一种被动的调节器与超物质，等等。当大家对整合土地及运用工业技术等操作仍嗤之以鼻时，我们作为受教于这一思想的幸运儿实在从中获益匪浅。我们有幸领略到他们在建造过程中对于专业工艺优雅自觉的运用：对建筑中愉悦感的追求取代了对宏伟尺度与建造难度的盲目崇拜，对建筑中思想交锋的推崇取代了物质竞争。一句轻松的"非常容易"取代了"非常困难"，芭蕾舞者的轻跃取代了壮汉的腾跳。

实用主义建筑师往往遵照风俗传统。他通过将熟识的知识去语境化并重新赋予诗意光泽来拯救当下的诗意维度。作为一种对物质性的坚持，我们必须重新诠释建造和场地操作：这并不是要违背行规，而是重新赋予它们诗意的力量。项目中的决定将影响整个建造流程及相关人员安排。由此看来，实用主义建筑师对整个社会有一种持续的责任，而这种责任无关现代的救世主义。伊姆斯夫妇和德·拉·索塔的例子告诉我们，实用主义建筑师的工具就是产品目录。这一工作不在于"发明"，而在于"意图"，即如何赋予社会中寻常事物以不寻常的用途，并以此重新强调建筑创作的批判性。这也是一种与当下的对话，将"此时此地"作为一种"既有的"形态，并把它视作一种能激发感情与审美的新物质。这种理想的设施，对建筑师工作的改编，传达的思想并不止于极简主义品味的细部的纯净化：它不追求纯净，而是强调简洁与规避繁琐，以支撑整个过程。它的建造是一种整合与规避困难的过程。实用主义者并没有任何根本性的真理要去辩护，不需要以原创或终极目标为名去牺牲任何东西；只有减少苦难、为减少苦难而努力，才能发展出一项进步的、有效的事业。只有与创新技术元素相结合，这一立场所蕴含的意味才能使人发展出一种独特的实用主义审美。

这种共同观点涉及结构的精简化与轻质化，形成了一种独特的"非物质性现象学"。更准确地说，这可被称为"准非物质性"（quasi-immateriality），因为在这"准"字中，建筑——即真实体验的建构——与当前的技术发展产生了联系。正如德·拉·索塔在另一场合所描述的那样，这意味着实现"最大可能的虚无"。这正是技术运用与潜在的实用主义审美之间的一道讽刺的宣言。忘记多余的知识：实用主义建造者不应为细节所困；他应有能力把材料与建造过程简化为若干道拼装系统的简单步骤。德·拉·索塔作为建造者所描述的矛盾，即细节的不存在，是理解"系统"在实用主义思想中重要性的关键。它把传统观念中的建造者转化为"系统"的创造者，即在几组元素中构架起内部关系中的逻辑秩序，同时保持秩序的开放性以允许惊喜或矛盾的产生。像游戏规则一样，好的系统是通过其经济性和开放程度来衡量的。创造性工作将在这游戏之中展开。

让我们暂时把案例住宅和阿尔库迪亚住宅放下，来考虑实用主义住宅的时效性，尤其是它们在当代文化中的重要性。我们无需离开洛杉矶，只需回味它在弗兰克·盖里自宅中的影响，甚至是我们在前文关于后人文主义的讨论中他的两个住宅和阁楼的例子：他设计的所有住宅在大多数情况下都可以作为20世纪50年代的实验中活力的典范，作为对这一体系和游戏观念的全新阐释，从开放和扰乱最经济的系统和商业专利的特殊能力，到迫使它们表达当前社会和美学的状况。这种游戏效果有赖于对案例住宅中舒展却紧凑的雾化经典布局的借鉴，以及对几何的、造型的、材料上的、尺度上的"差异"的刻意追求，这与50年代对秩序和完整性的迷恋相反。我们只有留意盖里如何继承丰富的传统并将其发展为新的空间范式，才能理解他的作品。这一传统、方法与态度无疑也塑造了建筑师伊东丰雄与妹岛和世。在他们身上我们可以看到，新的技术与社会形势以及随之产生的环境敏感性，导致了对"轻质化"和"系统"的重新定义。他们的项目，不仅仅是住宅项目，都有赖于对计算机技术的"非物质性"以及对与自然相关的塑性的、科学的观点的质疑。正如德·拉·索塔所言，实用主义方法的两大命题——技术和自然——由此涌现了，并正与新时代的具体内容结合，正如实用主义因时代而改变的方法一样。伊东丰雄1984年在东京建造的银舍与妹岛和世1991年的熊本市再春馆制药公司宿舍，两个作品都希望构建一种基于瞬息的当下的系统，同时使其朝向一种不再轻薄的状态发展——沿着德·拉·索塔的道路并追随他的名言"穷尽虚空的极限"——然而它是"瞬间的"，因其材料正从一种状态转化为另一种状态。

伊东丰雄提出"流动空间"这一隐喻，以发展出一种想象的实用主义。它关注的是自然环境与当今技术环境的两个相似点：流动性与非物质性。然而，伊东也认为"完美的当代建筑师应有80%的实用主义和20%的想象力"。这一观点恰恰描述了系统与游戏之间的联系，并把二者融合为一种连贯的建构方式，从而以合理的方式重新描述我们的时间。

说到这里，作者不得不提本人与胡安·埃雷罗斯1994年合作完成的AH住宅。这一尝试试图把简单、轻质的技术体系与当今市场结合起来，以寻找建筑范式的新方向。在这一项目中，这些房子被理解为自给自足的超级物体——"把收割机、拖拉机和汽油罐车合为一体"，使传统图像和分组系统让位于空间和装饰的实验，使它们更加符合消费主义的逻辑。技术与自然之间由此建立起多种关系，以适应当代主体在文化和物质实践方面的明显变化。正如项目说明里说到的："AH住宅与传统房子之间的关系，类似斯沃琪手表与传统摆钟：它不仅是（或者说不限于）通过技术变革来验证习惯或人与事物的关系的改变。它是一种当代物质文化的产物。由于持久性的概念随着工业经济而改变，它也随着改变：这一产品的推出是基于消费主义逻辑中的文化可信度。但它并不意味着掩盖'不好的技术'或者使之脱节。实际上，它比许多打着'科学'旗号的产品更为技术化；其耐用性不逊于当今最好的建筑，因为它们的部件和系统是一样的。这意味着提供一种产品，其品格和质量可以更好地适应人类生活和周遭事物持续减退的稳定性与不断加剧的瞬时性，从而更好地融入新的时间观念。"

我们还能找到许多类似的当代实验，它们都从形象与特定环境的角度，运用实用主义想象力重新界定技术与自然的关系。这种

"系统"并不建立在实质的物质之上；它关心如何把空气作为技术性的建筑材料。这种对环境舒适度的探寻，是实用主义住宅与我们前文中到访过的所有住宅的最大不同之处。这种差异更多反映在机械—能量的系统上；而在其他情况下，特别是在20世纪70年代的能源危机之后，则体现在对被动式生态技术的关注。生态学（ecology）在词源上与家庭（oikos）相关：它暗示了合理管理与环境相关的房屋的资源所需的全部知识。我们感兴趣的是环境与建造物之间的相互作用，即比彻、富勒、案例住宅、德·拉·索塔等设计中体现的对空气的参数式激活。这种对环境的承诺"重新描绘"了技术和自然的关系，且不囿于平常那种生态观感造就的浪漫怀旧。

实用主义建筑师在市场上的可用技术之间寻找平衡，从而创建一种最大限度减少能耗和环境影响的系统。任何希望进一步了解的读者都可以参考当代的环境技术手册，并会从中发现许多类似的想法：精确使用轻质材料，与地形的尺度等被动资源相结合；运用干组装建筑系统，为拆卸组件留下可能；减少诸如清漆和油漆等表面处理；等等。所有与建造的简单性相关的方面，与把空气作为材料相关的方面，形成了与环境议题相关的技术理念的基础。

由此，我们不难理解是什么推动班汉姆写下《洛杉矶：建筑的四种生态学》这一与《癫狂的纽约》遥相呼应的乐观宣言。书中描述的实用主义卓越都市终于被学术圈认同为构建当代都市最为成熟的方法之一。在《雅典宪章》于1933年把实证主义理想都市奉为典范的38年之后，洛杉矶作为其最极端的反面成为新的学习榜样。这本书显然是一种激进的乐观主义宣言 —— "洛杉矶是一种

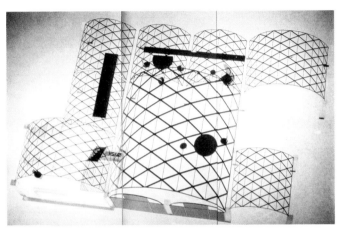

瞬时景观中的瞬时建筑学";它用一种极度轻松直率的语气回应了
这个城市的宏大社会问题:这在迈克·戴维斯《石英之城:挖掘
洛杉矶的未来》一书中则成为探讨的中心,《石英之城》一书也可
以说与班汉姆的著述形成了精彩对照。但是,班汉姆的文字中最
引人深思的是其描述手法。它通过定义地形学的四种子系统,即
海岸、丘陵、平地和高速公路,重新描述了洛杉矶这个城市。每一
种重述都是为了反映地理、气候、经济、人口、技术和文化之间的
相互作用,即洛杉矶城市从不到两百年前的一小片沙漠发展成如
今繁盛的大都市的具体生态。这种重述可以被理解为一种流行史
诗,而其独创性在于把城市作为一种人造的生态系统,并描述了
现代人(或实用主义者?)与其环境之间的创造性互动。它无关
"从一般到特殊"这一规划模式,也就是现代主义城市的正统模
式。对于理想的现代主义及其衍生品来说,洛杉矶是一次艰巨考
验——犹如对"十次小组"的一记重击;它支持的是建筑与地形环
境正面互动的生态观念。

实用主义市民们发展出的实用主义城市,往往将自然的物理环境
作为其组织的关键和积极因素。它不会像后人文主义愿景那样迫
使自然景观屈服于普通城市的同质化进程。在实用主义城市里,
个人住宅和集体土地之间的关系上升为物质环境中自然和人工结
合的平衡点。如果这种愿景在早期造就了郊区住宅的无限扩张及
随之而来的能源、生态以及时间的巨大浪费,实用主义想象如今
面对的挑战则是:如何创造既有扩张性又有连续性,且能在自然
和人工之间取得新平衡的城市模型;如何使这种愿景适应不同国
家/城市的政治经济气候与环境。这一愿景在近来"可持续发展城
市"的旗号下,才通过一系列尚未成形的调查与计划渐渐成为城

市文化的一部分。它的目标是寻找一种能够在物质环境资源、技术发展、现存文化与社会期望之间找到积极平衡的增长和发展的类型。这种方法我们在科西嘉岛自1992年以来举行的生态技术大会上已有所耳闻。巧合的是，科西嘉岛正是当年《雅典宪章》诞生时游轮到访的岛屿之一。如今，我们不再把这个岛屿作为逃离现代城市建设的繁重工作的旅游胜地，而是在当代城市必须要考虑的与自然环境取得平衡方面作为学习对象。如今它被当作一个脆弱的生态系统（每一座岛屿都是一个生态系统）维护和保存下来：这正是一个与现代城市及其对环境的破坏性影响相反的例子。

这并不是所谓的"城市生态学"提出的唯一挑战。其他议题如移民问题、自然与政治危机或少数族群（如宗教、性别等）问题，后人文主义在创造当代主体的愉悦抽象之外，都呼吁寻找一种与专业想象力不冲突的更高级的生态机制：实用主义的"重述"正是建立在这种准确连续的变化以及明显不同的现实状况的混合的基础上，通过搭建桥梁或"对话"，以实现一个异质且相互作用的环境，从而诗意地表达当今人民的敏感与冲突。

在霍克尼关于加州的绘画、舒尔曼镜头下对我们影响至深的20世纪的定格、德·拉·索塔的草图和班汉姆的文字之中，我们可以窥见一种独立、平等的流行乐观主义，一次与福利社会的告别，一个经典的起始。但是，它从城市和家庭的尺度上通过新的技术范式和自然观念描述了一次社会突变，其主体对象不再是20世纪50年代的女性而是她在当今的化身。她的解放将决定我们的城市与家庭的未来景象。实用主义住宅就像是那个汇聚迥异思想与居住形式的酒店走廊。这样看来，它很像本书的文字，一种充满活力、文化和技术性参照物的集合体。这是一个混杂的场所，其美学形式孕育了这一系统自身的异质性；高度复杂的材料与更古老的材料混合，形成了这种被数据网络包裹的混杂物质性；它像一种岩浆或聚合物，其中的美丽从我们面前一闪而过，而我们几乎不知道当中的轻重、密度或难度。这些闪光的东西就像是霍克尼笔下的飞沫，能够以不寻常的方式融合浓烈与简洁；或像伊东的流动空间承载的那个沉浸在泳池中的无形主体那样，使场景更加激化与活化，他在水面之下思忖那些对于我们来说是禁忌的东西。实用主义住宅期望其建筑师能有更丰富的想象力，能创造出比霍克尼画作里的更深、更惊艳的跃潜。

后记

我们的旅程终于来到结尾。在这七场探访结束之际，我们理应稍作歇息、盘点收获而不是草草收场。就像现实中那样，我们此刻应在旅程最后到访的那幢住宅门前互道告别，以便日后谈起这段旅程时仍可记起美好的回忆。诚然，对于有些人而言，这次旅程某些盎然的兴致可能会荡然无存，甚至再也无法被忆起；对于另一些人来说，这或是一趟终身难忘的旅行。一些旅程中当时微不足道的对话或景象日后可能会使我们感觉醍醐灌顶，并对我们的工作和思想产生深远的影响。例如，一位偶然决定研究密斯·凡·德·罗的图纸魅力的人，倘若摒弃对密斯的技术或构成手法的惯常关注，就有可能发掘出其中蕴含的诱人美感。

正如我们在旅程伊始阐明的那样，这次旅行不在于总结任何规律或经验，而是有着一个更为远大的目标：通过收集一系列数据来理解各种关于住宅幻想的起源和意义，并以此为工具重塑失落多年的构造文化；我们的主要目标或可概括为：学会忘记现代性。

通过探访这些建筑，我们更深刻地体会到许多建筑师如今仍在经历的二元体验：一方面，当下许多建筑实践仍在遵循实证主义的方法论；另一方面，一些文化和个人经验开始尝试摆脱这种思想，探寻其他的设计途径。后者会对一些刻板语言或常人深信不疑的事物提出质疑。这些事物除了是一些赘言和纯粹的"个人偏好"之外，并没有额外的意义。我们理应为此感到高兴，因为语言定式的危机永远是激变的前兆，亦符合我们最后那段旅程中所见证的摆脱所谓真相的方法（这正是理查德·罗蒂论点的本质）。

20世纪给我们留下了丰富的遗产。这些不同的居住空间使我们确信，应把实证主义重新归作众多意识形态中的普通一员——它虽在正统现代观念中最富有影响力，却也最快地消散开去。这些遗产无疑是激动人心且多元的，是一套真正的疯狂住宅收藏。我们理应庆幸拥有这样富有而古怪的先辈们，并尽情享受他们的遗产。这无疑是一种真正的奢侈。同时，我们作为建筑师也应对这笔遗产进行升级和规划，使其得以应用与增值。本书一直提倡运用这笔丰富遗产，这种运用的过程不在于提出任何定律或准则，而在于提出更多的问题——这些问题正是所有目的论和方法论的价值所在。这些问题在每次探访中都反复出现，进而构成了旅程的隐匿结构。

这些住宅是为谁而造的？它们服务的主体是谁？我们建造的工具

是什么？这些问题使所谓的现代性退居幕后，而它们相关的"家庭类型"则随着建筑师对其存在架构的设想走向幕前。也就是说，不同的哲学将塑造不同的主体形象。那么，这些哲学和主体暗示了怎样的时空观念呢？时间和空间构成了一对正反概念，就像世界中形式的正反两面：当代文学作品对不同时间观念的描述使我们更好地了解到它们的相关空间范式。因此，这种时空概念使我们个人时空变得个性化，而每个住宅中的居住思想都得以散发独特的光芒。如果时空这对观念为我们带来了建造上的范例，那么它们也会带来另一组关系：建造和自然、公共空间与私人空间之间的和谐状态。因此，自然和城市是住宅的隐匿建材。它们以相反的方式对不同住宅进行描述与区分，进而说明，即使最平常的住宅亦可承载一个完整的世界。如果我们由宏观向微观转换，探寻这些住宅的物质文化、材料性和其背后的象征意义，进而关注它们周围物质和装饰的形成以及与私密感和舒适感的关系，我们将会得出类似的结论。最后，我们需要反思这些价值观念和思想所带来的技术手法，理解不同的空间范式需要建筑师针对其对象及设计过程采用何种技术和立场。

从这种角度来看，住宅的质量几乎不再与其本身相关；集合住宅中一些多年来被奉为要旨的元素如组织方式、朝向、密度等也不再有关联。这些所谓的"议题"（现代主义者往往喜欢使用这种科学化的术语）提出了许多不同的问题，这些问题要求我们从学科本体、当今的哲学体系以及各种艺术与物质实践出发展开应对，从而明确并形成我们存在的架构。

我们在前言部分提到，本书最大的实用价值在于反思设计技法作为决定性因素的作用，而这种决定性蕴含着我们作品中的思想和重要内涵。临近尾声，我们有必要反思这种思想的起源，即把建筑和住宅的本质视作艺术创作。经过这次旅行我们理应明白，住宅其实是一种多元、主观的创造，沉浸在其所包含的生活之中；它是一件几乎完整的艺术作品——世界各地多种多样的住宅都体现了这个道理。然而，当代社会中许多不利的情况与这一结论背道而驰。因此，我们不能理所当然地以为这种认识会顺利实现：只有对住宅和艺术这两个概念展开积极的思考，我们才能真正证明"住宅即艺术"。我们应摆脱各种陈词滥调，宣扬我们对住宅与艺术的立场观点，以揭示过往认识的局限、矛盾与不足。虽然这些建筑原型仍只是一种草图式的存在，但这种原始基本的形式有能力承载经历野蛮与挫折的复杂生命。本书的理论初衷不在于提出具体的指引，而在于为幻想提供跳板，以启发更多人超越既有约束，突破学科知识的极限。本书想要揭示的是，不同建筑之间的区别源于本身规划设计手法中的认识论差异。建筑实践最激动人心的任务，或许正在于挣脱这些认识上的束缚，以想常人所不能想。20世纪这几个原型住宅给我们带来的最宝贵的一课正是：多从既有的认识边界以外进行思考，重新相信过往认知所否定过的一切，从而重拾未曾想象的美好生活。只有如此，我们方能构想未曾拥有的理想房屋，从而建造动人的美好住宅。

致谢

我和胡安·埃雷罗斯当年在马德里理工大学建造系曾开设了课程"未造之宅"（The House We Still Don't Have），《美好生活》一书在一定程度上可以说是对该课程一系列文稿、课件、讲座与讨论课内容的完整梳理，也包含了由课程发展出的一系列令人惊讶的成果。

与我一同在马德里理工大学任课的教授们，包括费德里科·索里亚诺、爱德华多·阿罗约、佩佐·乌尔塞斯以及各门课程的学生，细心聆听了同一文本的不同版本，并不断为其提出新的想法和改进建议。我曾与胡安·纳瓦罗·巴尔德维格、何塞·伊格纳希奥·里纳萨索罗、西蒙·马善、安东·卡比达尔、胡安·布斯盖兹和胡安·安东尼奥·柯蒂斯就本书之前的学术作品作过交流，这很大程度上成为本书的出发点。与胡安·埃雷罗斯的上述合作中发展而来的本书初稿，于1996年获得由尊敬的哈维尔·如易-瓦姆巴、何塞·安东尼奥·费尔南德斯·奥尔唐尼斯、爱德华·托罗拉、路易·兰德罗和拉菲尔·莫内欧等评委们颁发的Esteyco基金会奖。他们的认可、建议和信任，激励了我尝试去系统地发展这一当时仅为草稿的文本。

从那时起，许多不同的场合与机遇都为这项任务指明了方向。我要感谢所有那些耐心地帮助我片段式、缓慢地不断改进这些文本的人与机构，他/它们的盛情对本书的成形有着决定性的影响：伊格纳西·索拉-莫拉莱斯（巴塞罗那当代文化中心和国际建筑师联盟）、曼努埃尔·加萨（Quaderns杂志和加泰罗尼亚国际大学建筑高等学校）、何塞·玛丽亚·托雷斯·纳达尔（阿利坎特理工大学建筑学院和瓦伦西亚建筑学院）、哈维尔·塞尼卡萨拉亚（圣塞巴蒂安建筑高等学校）、伊格纳西·帕里西奥（加泰罗尼亚技术研究所）、维尔吉利奥·古铁雷斯（特内里费建筑学院）、胡里奥·马洛·莫利纳和托马斯·卡兰萨（加的斯建筑学院）、路易斯·莫雷诺和埃米利奥·图尼翁（梅南德斯·佩拉尤国际大学）、米格尔·萨莱塞达（马德里美术中心）、爱德华·布鲁（巴塞罗那理工大学建筑高等学校）、米格尔·安赫尔·阿隆索（潘普洛纳理工大学建筑高等学校）。如有遗漏，恳请见谅。

圣保罗建筑双年展的鲁斯·维尔达、蒙得维的亚建筑学院的汤玛斯·斯普利奇曼和胡安·巴斯塔里卡、伦敦建筑联盟学院的莫森·穆斯塔法维、纽约现代艺术博物馆的特伦斯·莱利以及纽约哥伦比亚大学的琼·奥克曼，都曾给予我宝贵的机会来试验、记录和扩充这些文本的内容。

帕洛马·拉索·德·拉·维嘉为本书提供了重要的想法和图像,并慷慨地为本书提供了所需的一切,使本书的编写成为一种乐趣:编撰过程中我们一同生活在马德里、福门特拉岛、罗达尔奎拉尔和埃斯科里亚尔等众多非比寻常的住宅之中,这些住宅必定会在本书不同章节中留下它们的印记。

莫妮卡与古斯塔沃·吉莉夫妇(以及夏维尔·古亿在本书成形伊始时)都为我提供了必要的帮助,使我最终完成本书。他们倾注的关怀与诚意远远超出了他们本身的编辑任务。奥西利亚朵拉·贾维斯帮助我整理了本书的图片;她无可挑剔地完成了这项复杂而艰巨的任务。卡门·穆诺兹一直耐心誊写当中难以辨认的内容,而玛丽亚·鲁兹·韦莱兹与尤拉莉亚·科马以其对本书内容细腻的设计,加强并扩展了这本书的意义。弗朗西斯科·哈拉塔、安吉尔·哈拉米罗、爱德华多·阿罗约和胡安·安东尼奥·柯蒂斯友情为本书提供的批判性阅读,真诚地启发并帮助我为本书进行了最终的修订。

我还要向三位马德里建筑师表达我的感激之情,他们的作品以一种始料不及的重要方式对本书起到了决定性的影响:胡安·纳瓦罗·巴尔德维格使我认识到技术问题的研究总是有其对应(无论相反抑或对称)的课题,即气质和非物质的研究;亚历杭德罗·萨埃拉和我对哲学与建筑的联系有着共同的理念,并启发了我对当代实用主义的兴趣,我们的对话中经常展开对德勒兹的讨论;亚历杭德罗·德·拉·索塔,诚如书中已介绍的那样,一直鼓励我在适当的时刻到想象与梦幻中展开旅行。

最后，我想向胡安·埃雷罗斯表达我的感激之情。从最初的想法到最终的修订，本书的成形离不开他的支持。只说"如果没有他本书就不可能完成"是远远不够的：更重要的是，如果没有他的陪伴，本书的写作过程将会索然无味；那不正与本书书名所期冀的相反吗？

谨此致谢。

参考文献

本书作者选择了散文的形式来撰写这本本身颇具学术倾向的书，以避免使用那些详尽的、结论式的脚注和引用文献。作者在此处列出各章节的特别参考书目，以及书中引文的出处。以下所列书目大多自带完整的参考文献列表，因此，任何希望对本书各章的主题进行更详细研究的读者，都可按其指引深入挖掘。

第一章

ABALOS, I.& HERREROS, J.: "Diabólicos detalles, " in SAVI V.E. & MONTANER, J. M.: *Less Is More*, Col.legi d'Arqllirecres de Catalunya/ACTAR, Barcelona, 1996, pp.50-54.

DAL Co, F.: *Dilucidaciones, modernidad y arquitectura*, Ediciones Paidós Ibérica, Barcelona, 1990.

EVANS, R.: "Mies van der Rohe's Paradoxical Symmetries," *AA Files* 19, spring 1990.

EVANS, R.: *Translation from Drawing to Building and Other Essays*, Architectural Association, London, 1997.

GLAESER, L.: *Ludwig Mies van der Rohe*, The Museum of Modern Art, New York, 1977.

JAEGER W.: *Paideia: The Ideals of Greek Culture*, translated by Gilbert Highet, Oxford University Press, London/New York, 1986 (first English edition 1939).

JOHNSON P.: *Mies van der Rohe*, The Museum of Modern Art, New York, 1947.

MERTINS D. (ed.): *The Presence of Mies*, Princeton Architectural Press, New York, 1994.

NEUMEYER, F.: *The Artless Word. Mies v an der Rohe on the Building Art. Manifestoes, Texts and Lectures*, The MIT Press, Cambridge/London, 1991.

NIETZSCHE F.: *The Gay Science: With a Prelude in German Rhymes and an Appendix of Songs*, edited by Bernard Williams; translated by Josefine Nauckhoff; poems translated by Adrian Del Caro, Cambridge University Press, Cambridge, 2001 (first German edition 1882).

NIETZSCHE F.: *Thus Spoke Zarathustra: A Book for All and None*, translated and with a preface by Walter Kaufmann, Modern Library, New York ,1995 (first German edition 1883/84).

QYETGLAS, P.: Imágenes del Pabellón de Alemania, Les Éditions Section b, Montreal, 1991.

RAVETLLAT, P.J.: *La casa pompeyana: Referencias al conjunto de casas-patio realizadas por Ludwig Mies van der Rohe en la década 1930-40*, (unpublished) ETSA Barcelona,1993.

SCHULZE, F.: *Mies van der Rohe: A Critical Biography*, The University of Chicago Press, Chicago,1985.

SEDLMAYR, H.: Epochen und Werke, Herold Druck und Verlag AG, Vienna, 1959.

SPAETH, D.: *Mies van der Rohe*, Rizzoli New York, 1985.

TEGETHOFF W.: *Mies van der Rohe: The Villas and Country House*, The Museum of Modern Art/Mies van der Rohe Archive New York.1981.

[Various authors].: *Mies van der Rohe: Architect as Educator*, Illinois Institute of Technology. Chicago, 1986.

第二章

BACHELARD, G.: *La Poétique de l'espace*, Presses Universiraires de France, Paris, 1957. English edition: *The Poetics of Space*, translated by Maria Jolas with a foreword by John R. Stilgoe, Beacon Press, Boston, 1994.

BORRADORI, G.: "The Italian Heidegger: Philosophy Architecture and Weak Thought," *in Columbia Documents of Architecture and Theory*, vol.1 cba/ Rizzoli, New York, 1992, pp. 123-133.

HEIDEGGER, M.: Bauen-Wohn-Danken, Neve Darmstadter Verlagsanstalt Darmstadt, 1952.

HEIDEGGER, M.: *Sein und Zeit* (First edition: 1927). English edition: *Being and Time*, translated by Joan Stambaugh, University of New York Press, Albany, NY 1996.

HEIDEGGER, M.: *Brief uber den Humanismus*, Bern, 1947.

HEIDEGGER, M: *Vorträge und Aufsätze*, G.Neske, Pfullingen, 1954.

HEIDEGGER, M.: "Why Do I Stay in the Provinces? " *Listening* 12.3, 1977.

MOOS, S. VON.: *Venturi, Rauch & Sco Brown: Buildings and Projects*, Rizzoli, New York, 1987.

ORTEGA Y GASSET, J: *Meditación de la técnica y otros ensayos sobre ciencia y filosofía*, Revisra de Occidenre, Madrid, 1998 (first Spanish edition 1939).

PARDO, J. L.: *Las fonnas de la exterioridad*, Pre-Textos, Valencia, 1992.

TESSENOW, H.: *Das Land in der Mitte*, Jacob Hegner, Hellerau (Dresden), 1921. Consulted edition: *Trabajo artisanal y pequeña ciudad*, Galería-Librería Yerba y COAATM, Murcia, 1998.

TESSENOW, H: *Handlverk und Kleinstadt*, Bruno Cassirer, Berlin, 1919. Consulred edirion: *Trabajo artesanal y pequeña ciudad*, Galería-Librería Yerba/ COAATM, Murcia, 1998.

TESSENOW H.: *Hausbau und Dergleichen*, Woldemar Klein Verlag, Berlin,1916. Consulted edition: *Osservazioni elementari sul costruire*, Franco Angeli Edirore, Milan, 1987.

VATTIMO G.: *La società transparente*, Garzanri Editore, Milan, 1989. English edition: *The Transparent Society*, translated by David Webb, The Johns Hopkins University Press, Baltimore, 1992.

VENTURI, R.: *Complexity and Contradiction in Architecture*, The Museum of Modern Art, New York, 1966.

WIGLEY M.: *The Architecture of Deconstruction: Derrida's Hunt*, The MIT Press, Cambridge, Mass., 1993.

WIGLEY, M.: "Heidegger's House: The Violence of the Domestic," in *Columbia Documents of Architecture and Theory*, vol. 1, cba/ Rizzoli, New York,1992, pp.91-121.

第三章

AYMONINO, C.: *L'abitazione razionale. Atti dei congressi CIAM 1929-1930*, Marsilio Editori, Padua, 1971.

BANHAM, R.: *Theory and Design in the First Machine Age*, The Architectural Press, London, 1960.

BENTHAM, J.: *El Panóptico*, La Piqueta, Madrid, 1989 (original edition, 1822).

CHION, M.: *Jacques Tati*, Cahiers du Cinéma, Paris, 1987.

COMTE, A.: *The Positive Philosophy*, AMS Press, New York, 1974 (first edition translated by Harrier Martineau and published by Belford, Clarke & Co., Chicago/New York,1880).

COMTE, A.: *System of Positive*, B. Franklin, New York, 1968 (first edition Published by Longmans, Green & Co., London, 1875-1877).

FOUCAULT, M.: Les Mots et les choses, Gallimard, Paris 1984 (first edirion 1966).

GIEDION, S.: *Space, Time and Architecture*, Harvard University Press, Cambridge, 1941.

HITCHCOCK, H.R. &JOHNSON P.: The International Style: Architecture since 1922 (first edition 1932).

KLEIN, A.: *Das Einfamilienhaus, Südtyp*, Verlag Julius Hoffmann, Stuttgart, 1934. Consulted edition: *Vivienda mínima: 1906-1957*, Editorial Gustavo Gili, Barcelona, 1980.

LE ORBUSIER: The Athens Charter, translated by Anrhony Eardley, wirh an introduction by Jean Giraudoux and a new foreword by Josep Lluís Sert, Grossman Publishers, New York, 1973 (original edition: Fondation Le Corbusier/Éditions de Minuit, Paris, 1957).

LE CORBUSIER: L'Esprit Nouveau en aI τ hitecture, Almanach d'Archirecrure Moderne, Paris, 1925.

LE CORBUSIER: Une maison-un palais, Les Edirions G. Crès et Cie, Paris, 1928.

MONTEYS X.: La gran máquina. La ciudad en Le Corbusier, Ediciones del Serbal, Barcelona, 1996.

OCKMAN, J, "Archirecrure in a Mode of Disrracrion: Eight Takes on Jacques Tati's *Playtime,"Anyone*, NewYork, 1996.

SCHÜTTE-LIHOTZKY, V. M.: *Die Frankfurter Küche*, Ernsr & Sohn, Berlin, 1992.

YORKE F.R.S.: *The Modern House*, The Archirecrural Press, London, 1934.

第四章

BACHELARD G.: *La poétique de l'espace*, Presses Universitaires de France, Paris, 1957. English edition: *The Poetics of Space*, translated by Maria Jolas, with a foreword by John R. Stilgoe, Beacon Press, Boston, 1994.

DOUGLAS DUNCAN D.: *Viva Picasso*, Edirorial Blume, Barcelona, 1980.

GONZALEZ A.: "De una habiración a la orra," in *Pinturas. Juan Navarro Baldeweg*, Minisrerio de Culrura/MEAC, 1986, pp. 6-31.

HALL E. T.: The Hidden Dimension, Santa Fe, 1973.

HOLL S.: *Anchoring*, Princeton Architectural Press, New York, 1989.

HOLL S.: "Within the City. Phenomena of Relations," *Design Quarterly* 139, Walker Arr Center, Minneapolis, 1998.

JACOB J.: *The Death and Life of Great American Cities*, Random House, New York, 1961.

LEVI-STRAUSS C.: *La pensée sauvage*, Librairie Plon, Paris, 1962. English edition: *The Savage Mind*, Weidenfeld & Nicolson, London 1966.

LYNCH, K.:The Image of the City, The MIT Press, Cambridge, Mass., 1960.

LYOTARD J.F.: La Phénoménologie, Presses Universiraires de France, Paris 1954. English edition: Phenomenology, translated by Brian Beakley, foreword by Gayle L. Ormiston, State University of New York Press, Albany, 1991.

MERLEAU-PONTY M.: P*hénoménologie de la Perception*, Gallimard, Paris, 1945. English edition: The Phenomenology of Perception, translated by Colin Smith, Routledge, London/New York, 1994 (first edition 1962).

NAVARRO J.: "La geomerría complemenraria," in *Juan Navarro Baldeweg*, Elecra, Madrid/Milan, 1993.

NAVARRO J.: "Movimienro anre el ojo, movimienro del ojo, Noras acerca de las figuras de una lámina," *Arquitectura*, 234 Madrid, 1982 pp. 22-27.

NAVARRO BALDEWEG J.: La habitación vacante, Edirorial Prererxos, COAC Valencia, 1999.

NORBERG-SCHULZ CH.: *Intensjoner i arkitekturen*, Universirers for laget, Oslo, 1967. English edition: Intentions in Architecture,The MIT Press, Cambridge Mass., 1966.

PALLASMAA, J.: *The Eyes of the Skin: Architecture and the Senses*, Academy Editions, London, 1996.

ROSSI A. (ed.): Architettura Razionale, Franco Angeli Edirore, Milan, 1973.

ROSSI A.: *L'Architettura della Città*, Marsilio Edirori, Padua, 1966. English edition: *The Architecture of the City*, introduction by Peter Eisenman, translation by Diane Ghirardo and Joan Ockman revised for the American edition by Aldo Rossi and Peter Eisenman, The MIT Press, Cambridge, Mass., 1982.

ROWE C. & KOETTER F.: Collage City, The MIT Press, Cambridge, Mass., 1981.

SOLA MORALES, I.: "La Casa della Pioggia," *Lotus International* l44, Electa, Milan, 1984, pp. 100-109.

第五章

ANDREOTTI L.& COSTA, X. (eds): *Theory of the Dérive and Other Situationist Writings on the City*, MACBA-Acrar Barcelona, 1996.

BOURDON D.: *Warhol*, Harry N. Abrams, New York, 1989.

CELANT G.: *Andy Warhol. A Factory*, Guggenheim, Bilbao, 1999.

CARANDELL J.M.: *Las comunas. Alternativa a la familia*, Tusquers Edirores, Barcelona 1972.

DEBOD. G.: *La Société du spectacle*, Edirions Bucher-Chasrel, Paris 1967. English edirion: *Society of*

Spectacle, Black & Red, Detroit, 1970.

DE DIEGO, E.: *Tristísimimo Warhol*, Siruela Madrid, 1999.

FREUD, S.: *Das Ich und das E*s, Inrernarionaler Psychoanalyrischer Verlag, Leipzig/Vienna/Zurich, 1923.

HENKEL G.: "Sólo lo más nuevo del presenre," in *Colección Leo Castelli*, Fundación Juan March, Madrid, 1989, pp.67-71.

HUIZINGA J.: Homo Ludens: A Study of the Play-Element in Culture, J.& J.Harper Editions, New York 1970/Maurice Temple Smith Ltd., London, 1970.

KOOLHAAS R.: *Delirious New York. A Retroactive Manifesto for Manhattan*, The Monacelli Press, New York, 1978.

LEFEBVRE, H.: *La vie quotidienne dans le monde moderne*, Gallimard, Paris 1968. English edition: *Everyday Life in the Modern World*, translated by Sacha Rabinovitch with an introduction by Philip Wander, Transaction Books, New Brunswick, N.J., 1984 (first edition 1971).

LLOYD MORGAN, C.: *Jean Nouvel. The Elements of Architecture*, Thames & Hudson, London, 1998.

NAME, B.: *Andy Warhol's Factory Photos*, Asai Takashi Uplink, Tokyo, 1996.

REICH, W.: *The Sexual Revolution*, Willhem Reich Infant Trust Fund, New York, 1945.

SENTIS, M.: *Al límite del juego*, Ándora, Madrid, 1994.

SUBIRATS, E. (ed.): *Textos situacionistas. Crítica de la vida cotidiana*, Anagrama, Barcelona, 1973.

TONKA, H. & SENS, J.M.: *Une maison particuliere*, Sens & Tonka édireurs, Paris, 1994.

WARHOL, A.: *The Philosophy of Andy Warhol: From A to B and Back Again*, A Harvest Book, Harcourt, Brace & Company, San Diego/New York/London, 1977.

ZURKIN, SH.: *Loft Living*, The Johns Hopkins University Press, Baltimore, 1982.

第六章

BLANCHOT, M.: *Michel Foucault tel que je l'imagine*, Editions Fara Morgana, Paris, 1986. English edition: *Michel Foucault as I Imagine Him*, translated by Jeffrey Mehlman, Zone Books, New York, 1987.

BRAYER, M.A.: "La Maison: un modèle en quête de fondation," *Exposé* 3 (La maison: vol. 1), Orleans, 1997, pp. 6-39.

DELEUZE, G. & GUATTARI F.: *L'Anti-Oedipe. Capitalisme et schizophrénie*, Éditions de Minuit, Paris, 1972. English edition: *Anti-Oedipus: Capitalism and Schizophrenia*, translated by Robert Hurley, Mark Seem and Helen R. Lane, preface by Michel Foucault, University of Minnesota Press, Minneapolis, 1983 (first edition Viking Press, New York, 1977).

DELEUZE G. & GUATTARI F.: *Mil Plateaux, capitalisme et schizophrénie*, Éditions de Minuit, Paris, 1980. English edition: A Thousand Plateaus: *Capitalism and Schizophrenia*, translation by Brian Massumi, University of Minnesota Press, Minneapolis, 1987/Athlone Press, London, 1988.

DERRIDA, J.: *L'écriture et la différence*, Éditions du Seuil, Paris, 1967. English edition: *Writing and Difference*, with an introduction and additional notes by Alan Bars, The University of Chicago Press, 1978.

ECHEVARRIA, J.: *Telélis*, Ediciones Desrino, Barcelona, 1994.

EISENMAN, P.: "Process of the Interstitial," *EI Croquis* 83, Madrid, 1997, pp.21-35.

FOUCAULT, M.: "L'oeil du pouvoir," in *Dits et écrits*, vol. III, Pierre Belfond, Paris, 1977.

FOUCAULT, M.: "Of Other Spaces, Heterotopias," *Architecture, Mouvement, Continuité*, vol.5, 1984, pp. 46-49.

GRAHAM, D.: *Dan Graham. Architecture*, Architectural Association, London, 1997.

HARVEY, D.: *The Condition of Postmodernity*, Blackwell, Cambridge, Mass./Oxford, 1990.

HAYS, K.M.: *Modernism and the Posthumanist Subject*, The MIT Press, Cambridge, Mass., 1992.

HERREROS, J.: "Espacio domésrico y sistema de objetos," *ExitLM* 1, Madrid, 1994, pp. 83-101. Also: Mutaciones en la arquitectura contemporánea (unpublished), ETSA de Madrid, 1994.

KOOLHAAS, R. & MAU, B.: *S, M, L, XL*, The Monacelli Press, New York, 1995.

KWINTER, S.:"The Materialism of the Incorporeal," *Columbia Documents of Architecture and Theory*, no. 6, cba/Rizzoli, New York, 1997, pp. 85-89.

LYNN, G.: *Folds, Bodies & Blobs. Collected Essays*, La Lettre volée, Brussels, 1998.

LYOTARD, J.F.: *La Condition post-moderne*, Éditions De Minuit, Paris, 1979. English edition: The Postmodern Condition: *A Report on Knowledge*, University of

Minnesota Press, Minneapolis, 1984.

VIRILIO, P.: *Esthétique de la disparation*, Éditions André Balland, Paris, 1980. English edition: *Aesthetics of Disappearance*, translated by Philip Beitchman, Semiotext(e), New York, 1991.

WIGLEY, M.: *The Architecture of Deconstruction: Derrida's Hunt*, The MIT Press, Cambridge, Mass., 1993.

ZAERA, A.: "Notes for a Topographic Survey," *EI Croquis* 53, monographic issue on OMA/Rem Koolhaas, Madrid, 1992.

ZAERA, A.: "Orden desde el caos," *ExitLMI* 1, Madrid, 1994, pp. 22-35.

第七章

ABALOS, I. & HERREROS, J.: *Técnica y arquitectura en la ciudad contemporánea. 1950-1990*, Nerea, Madrid, 1992. English edition: *Tower and Office from Modernist Theories to Contemporary Practices*, The MIT Press, Cambridge, Mass., 2002.

ABALOS, I.: "The Construction of an Architect," [various]: *Alejandro de la Sota 1913-1996, The Architecture of Imperfection*, Architectural Association, London, 1997, pp.52-61.

ABALOS, I. & HERREROS, J.: "Toyo Ito: Light time," *El Croquis* 71, 1995, pp.32-48.

BANHAM, R.: The Architecture of the Well-Tempered Environment, The Architectural Press, London, 1969.

BANHAM, R.: *Los Angeles: The Architecture of Four*

Ecologies, Penguin Press, New York, 1971.

BAUDRILLARD, J.: *Le Système des objets*, Éditions Gallimard, Paris, 1968. English edition: The System of Objects, translated by James Benedict, Verso, New York, 1996.

DAVIS, M.: *City of Quartz. Excavating the Future in Los Angeles*, Vintage Books, New York, 1992.

DE LA SOTA, A.: *Alejandro de la Sota, arquitecto*, Ediciones Pronaos, Madrid, 1989.

DEWEY, J.: *Art as Experience*, Perigee Books, New York, 1980 (first edition 1934).

DREXLER, A.: *Charles Eames, Furniture from the Design Collection*, The Museum of Modern Art, New York, 1973.

EAMES, C.:"What is a House." *Arts & Architecture*, Los Angeles, July 1944.

GIEDION, S.: *Mechanization Takes Command*, Oxford University Press, Oxford, 1948.

HAYDEN, D.: *The Grand Domestic Revolution*, The MIT Press, Cambridge, Mass., 1982.

ITO, T.: *Écrits*, Institut Français d'Architecture/Edizioni Carte Segrete, Paris, 1991.

ITO, T.: "Vortex and Current," *Architectural Design*, London September/October 1992.

ITO, T.: "Tarzans in the Media Forest," *2G* 2, Barcelona, 1997, pp.121-144.

JAMES, W.: Pragmatism. *A New Way for Some Old Ways of Thinking*, first edition: Longmans, Green and Co., New York, 1907.

LINDER, M.: "Architectural Theory Is No Discipline," *Strategies in Architectural Thinking*, The MIT Press, Cambridge, Mass., 1992, pp. 166-180.

MARRAS, A. (ed.): *Eco-Tec. Architecture of the In-Between*, Princeton Architectural Press, New York, 1999.

McCOY, E.: *Case Study Houses 1945-1962*, Hennessey & Ingalls, Los Angeles, 1977 (first edition 1962).

NEUHART, J., NEUHART, M. & EAMES, R.: Eames Design: *The Work of the Office of Charles Eames and Ray Eames*, Harry N. Abrams, New York, 1989.

NEUHART, M. & NEUHART, J.: *Eames House*, Ernest & Sohn, Berlin, 1994.

RAJCHMAN, J. & WEST, C.(eds): *Post-Analytic Philosophy*, Columbia University Press, New York, 1985.

RORTY, R.: *Contingency, Irony and Solidarity*, Cambridge University Press, New York, 1989.

RYBCZNSKI, W.: *Home: A Short History of an Idea*, Penguin, London, 1986.

[Various authors]: *The Architecture of Frank Gehry*, Rizzoli, New York, 1988.

VENTURI, R. & SCOTT-BROWN, D.: *Aprendiendo de todas las cosas*, Tusquets Editores, Barcelona, 1971.

VENTURI, R., IZENOUR, S. & SCOTT-BROWN, D.: *Learning from Las Vegas*, The MIT Press, Cambridge, Mass., 1977.

译名表

序言

positivism 实证主义

design techniques 设计技法

existentialism 存在主义

phenomenology 现象学

pragmatism 实用主义

Villa Savoye 萨伏伊别墅

Fallingwater 流水别墅

Villa Tugendhat 图根哈特住宅

Alejandro de la Sota 亚历杭德罗·德·拉·索塔

第一章

Zarathustra 查拉图斯特拉

Mies van der Rohe 密斯·凡·德·罗

Barcelona Pavilion 巴塞罗那馆

House with Three Patios 三庭院住宅

National Socialism 国家社会主义

Alois Riehl 阿洛伊斯·里尔

Friedrich Nietzsche 弗里德里希·尼采

Heinrich Wölfflin 海因里希·沃尔夫林

Werner Jaeger 维尔纳·杰格

Hans Richter 汉斯·里希特

Walter Benjamin 瓦尔特·本雅明

Romano Guardini 罗马诺·瓜尔蒂尼

Fritz Neumeyer 弗里茨·诺伊迈尔

Franz Schultze 弗朗茨·舒尔兹

Francesco Del Co 弗朗切斯科·达科

Hugo Häring 雨果·海宁

Hannes Meyer 汉斯·迈耶

Ludwig Hilberseimer 路德维希·希尔伯斯默

Model T Ford 福特T型轿车

Existenzminimum 最低生活需求标准

Hans Sedlmayer 汉斯·塞德马约尔

Pere Joan Ravetllat 佩雷·琼·拉维特拉

Birth of Tragedy《悲剧的诞生》

O. Spengler 奥斯瓦尔德·斯派格勒

Paideia《派代亚》

object-type 物型

Calvinist morality 加尔文主义道德

superman 超人

Plato 柏拉图

Dionysian 狄俄尼索斯式

Heraclitus 赫拉克利特

The Gay Science《快乐的科学》

Baudelaire 波德莱尔

flâneur 漫游者

Georg Simmel 格奥尔格·齐美尔

blasé 绅士

typology 类型学

structuralist 结构主义

contextualist 地域主义

Le Corbusier 勒·柯布西耶

immanence 内在性

non-transcendence 非超验性

Robin Evans 罗宾·埃文斯

Barcelona Chair 巴塞罗那椅

The Loop（芝加哥）卢普区

Paul Klee 保罗·克利

Picasso 毕加索

post-humanism 后人本主义
Freudo-Marxism 弗洛伊德-马克思主义

第二章

Heidegger 海德格尔
"Why I Live in the Provinces"《为什么我留在小地方》
"Letter on Humanism"《关于人道主义的信》
Husserl 胡塞尔
nihilism 虚无主义
Dasein 此在
Todtnauberg 托特瑙山
University of Freiburg 弗莱堡大学
Expressionism 表现主义
sachliche 事实主义
Heinrich Tessenow 海因里希·泰森诺
Darmstädter Gespräch 达姆斯特德研讨会
Building-Inhabiting-Thinking《筑·居·思》
quaternity 四位一体
Cartesian res extensa 笛卡尔式广延物
Sigfried Giedion 希格弗莱德·吉迪恩
Being and Time《存在与时间》
Elfridge 埃尔芙丽德
Digne Meller Marcovicz 迪妮·梅勒·玛克维兹
Paris "Événements" 巴黎 "五月风暴"
Mark Wigley 马克·威格利
Yago Bonet 雅各·波内特
Small Town Crafts《小城镇手工艺》
Dresden Academy of Art 德累斯顿艺术学院
The Mid-Country《中间国度》

Albert Speer 阿尔伯特·斯佩尔
The Origin of the Work of Art《艺术作品的本源》
Gianni Vattimo 詹尼·瓦蒂莫
pensiero debole 弱思想
pious 神性
Robert Venturi 罗伯特·文丘里

第三章

Jaques Tati 雅克·塔蒂
Auguste Comte 奥古斯特·孔德
Mon Oncle《我的舅舅》
Monsieur Hulot 于洛先生
the Arpels 阿尔贝勒一家
Playtime《游戏时间》
Jacques Lagrange 雅克·拉格朗日
Bergson 伯格森
Merleau-Ponty 梅洛-庞蒂
CIAM 国际现代建筑协会
Bakema 巴克玛
Aldo van Eyck 阿尔多·凡·艾克
Smithson 史密森
Team X 十次小组
Ecoles Polytechniques 理工学院
James 詹姆斯
Deleuze 德勒兹
Chronos 克罗诺斯之神
Charles Darwin 查尔斯·达尔文
Herbert Spencer 赫伯特·斯宾塞
Calvinism 加尔文主义

Fred Koetter 弗雷德·科特
Collage City《拼贴城市》
Aldo Rossi 阿尔多·罗西
analogous city 类比城市
David Griffin 大卫·格里芬
Hans Kollhoff 汉斯·科尔霍夫
Arduino Cantafora 阿尔杜伊诺·坎塔佛拉
Claude Lévi-Strauss 克劳德·列维-斯特劳斯
The Savage Mind《野性的思维》

第五章

Andy Warhol 安迪·沃霍尔
Karl Marx 卡尔·马克思
Sigmund Freud 西格蒙德·弗洛伊德
loft 工业阁楼住宅
Wilhelm Reich 威廉·赖希
The Sexual Revolution《性革命》
David Bourdon 大卫·鲍登
Grand Central 中央车站
Vanderbilt YMCA 范德比尔特基督教青年会
Billy Linich 比利·林力希
Couch《沙发》
San Patrick's 圣帕特里克教堂
Khrushchev 赫鲁晓夫
Kerouac 凯鲁亚克
Ginsberg 金斯伯格
Fonda 方达
Hopper 霍珀
Barnett Newman 巴尼特·纽曼

Judy Garland 茱蒂·加兰
Rolling Stones 滚石
The Velvet Underground 地下丝绒乐队
"All Tomorrow's Parties"《所有明天的派对》
Saint-Simon 圣西蒙
Fourier 傅立叶
materialism 唯物主义
humanism 人本主义
ego 自我
self 自性
id 本我
superego 超我
idealism 唯心主义
Herbert Marcuse 赫伯特·马尔库塞
Henri Lefebvre 亨利·列斐伏尔
Guy Debord 居伊·德波
Situationist International 情境国际
Frankfurt School 法兰克福学派
Horkheimer 霍克海默
Fromm 弗洛姆
Adorno 阿多诺
Johan Huizinga 约翰·赫伊津哈
Homo Ludens《游戏的人》
Burroughs 巴勒斯
Rem Koolhaas 雷姆·库哈斯
Delirious New York《癫狂的纽约》
Gordon Matta-Clark 戈登·玛塔-克拉克
George Maciunas 乔治·麦西纳斯
Détournement 异轨
tabula rasa 白板主义
Asger Jorn 阿斯格·尤恩

Williams James 威廉姆斯·詹姆斯

Charles Sanders Peirce 查尔斯·桑德斯·皮尔斯

John Dewey 约翰·杜威

Richard Rorty 理查德·罗蒂

Contingency, Irony and Solidarity《偶然 、讽刺与团结》

International style 国际主义

Julius Schulman 朱利乌斯·舒曼

Californian Case Study Houses 加州案例住宅

Art as Experience《作为经验的艺术》

Pierre Koenig 皮耶尔·科尼格

Ralph Soriano 拉尔夫·索里亚诺

Dolores Hayden 多洛斯·海登

The Grand Domestic Revolution《伟大的家务革命》

Melusina Fay Peirce 麦鲁西纳·费·皮尔斯

Catherine Beecher 凯瑟琳·比彻

Charles Sanders Peirce 查尔斯 · 桑德斯 · 皮尔斯

A Treatise on Domestic Economy For the Use of Young Ladies at Home and at School
《关于家庭与学校雇用年轻女性的家庭经济学论述》

Harriet Beecher 哈丽雅特·比彻

The American Woman's Home《美国女性之家》

The Architecture of the Well-tempered Environment
《环境调控的建筑学》

Buckminster Fuller 巴克敏斯特·富勒

Dymaxion house 戴美克森式住宅

Frank Lloyd Wright 弗兰克·劳埃德·赖特

John Entenza 约翰 · 恩坦萨

Art & Architecture《艺术与建筑》

Charles and Ray Eames 伊姆斯夫妇

Craig Ellwood 克雷格·埃尔伍德

Esther McCoy 埃丝特·麦考伊

Case Study Houses 1945-1962《案例住宅 1945—1962》

Norman Rockwell 诺曼·洛克威尔

William Carrier 威廉·卡里尔

Kazuyo Sejima 妹岛和世

Juan Herreros 胡安·埃雷罗斯

Mike Davis 迈克·戴维斯

City of Quartz《石英之城》

致谢

Federico Soriano 费德里科·索里亚诺

Eduardo Arroyo 爱德华多·阿罗约

Pedro Urzaiz 佩佐·乌尔塞斯

José Ignacio Linazasoro 何塞·伊格纳希奥·里纳萨索罗

Simón Marchán 西蒙·马善

Antón Capitel 安东·卡比达尔

Joan Busquets 胡安·布斯盖兹

Juan Antonio Cortés 胡安·安东尼奥·柯蒂斯

Javier Ruy-Wamba 哈维尔·如易-瓦姆巴

José A. Fernández Ordóñez
何塞·安东尼奥·费尔南德斯·奥尔唐尼斯

Eduardo Torroja 爱德华·托罗拉

Luis Landro 路易·兰德罗

Rafael Moneo 拉菲尔·莫内欧

Ignasi Solà-Morales 伊格纳西·索拉-莫拉莱斯

Centro de Cultura Contemporánea de Barcelona
巴塞罗那当代文化中心

Unión International de Arquitectos 国际建筑师联盟

Manuel Gausa 曼努埃尔·加萨

Escuela Superior de Arquitectura of the Universidad

Internacional de Cataluña
加泰罗尼亚国际大学建筑高等学校

José María Terres Nadal 何塞·玛丽亚·托雷斯·纳达尔

Escuela Técnica Superior de Arquitectura de Alicante
阿利坎特理工大学建筑学院

Colegio Official de Arquitectos de Valencia
瓦伦西亚建筑学院

Javier Cenicacelaya 哈维尔·塞尼卡萨拉亚

Escuela de Arquitectura de San Sebastián
圣塞巴斯蒂安建筑高等学校

Ignacio Paricio 伊格纳西·帕里西奥

Instituto Technológico de Cataluña
加泰罗尼亚技术研究所

Virgilio Gutiérrez 维尔吉利奥·古铁雷斯

Colegio de Arquitectos de Tenerife 特内里费建筑学院

Julio Malo de Molina 胡里奥·马洛·莫利纳

Tomás Carranza 托马斯·卡兰萨

Collegio de Arquitectos de Cádiz 加的斯建筑学院

Luis Moreno 路易斯·莫雷诺

Emilio Tuñón 埃米利奥·图尼翁

Universidad International Menéndez Pelayo
梅南德斯·佩拉尤国际大学

Miguel Cereceda 米格尔·萨莱塞达

Circulo de Bella Artes de Madrid 马德里美术中心

Eduard Bru 爱德华·布鲁

Esculea Técnica Superior de Arquitectura de Barcelona
巴塞罗那理工大学建筑高等学校

Miguel Angel Alonso 米格尔·安赫尔·阿隆索

Escuela Técnica Superior de Arquitectura de Pamplona
潘普洛纳理工大学建筑高等学校

Ruth Verde 鲁斯·维尔达

Bienal de Arquitectura de São Paolo 圣保罗建筑双年展

Thomas Sprechman 汤玛斯·斯普利奇曼

Juan Bastarrica 胡安·巴斯塔里卡

Escuela de Arquitectura de Montevideo
蒙得维的亚建筑学院

Moshen Mostafavi 莫森·穆斯塔法维

Architectural Association 建筑联盟学院

Terence Riley 特伦斯·莱利

Museum of Modern Art 现代艺术博物馆

Joan Ockman 琼·奥克曼

Columbia University 哥伦比亚大学

Paloma Lasso de la Vega 帕洛马·拉索·德·拉·维嘉

Mónica and Gustavo Gili 莫妮卡与古斯塔沃·吉莉夫妇

Xavier Güell 夏维尔·古亿

Auxiliadora Gálvez 奥西利亚朵拉·贾维斯

Carmen Muñoz 卡门·穆诺兹

María Luz Vélez 玛丽亚·鲁兹·韦莱兹

Eulàlia Coma 尤拉莉亚·科马

Francisco Jarauta 弗朗西斯科·哈拉塔

Ángel Jaramillo 安吉尔·哈拉米罗

Alejandro Zaera 亚历杭德罗·萨埃拉

译后记

初见伊纳吉·阿巴罗斯教授的《美好生活》一书，是在哈佛大学设计研究院地下的洛布设计图书馆（Loeb Design Library）。由于《美好生活》当时属于不可外借的特别藏书，阅读的工作只能每天下午在图书馆天窗下的书桌上进行。那是 2015 年的秋天，每天下午三时过后正是读书最好的时候。西斜的阳光会绕过学院大楼的出挑、穿过天窗照进图书馆里的这排长桌上，这幢粗野主义建筑里平时冰冷的混凝土墙，此时会在阳光的照射下泛起曛黄的光泽，再加上正红色地毯微妙的折射，整个图书馆会浸润在一种波士顿深秋鲜有的温润暖意之中。身处如此环境中阅读《美好生活》一书，无疑是一种美妙的体验。

当时，正担任哈佛大学建筑系系主任的阿巴罗斯教授在学院里组织了以"一切坚固的……"（All that is Solid...）为主题的系列学术活动。其中，每学期的主旨论坛——包括"设计技法"（Design Techniques）、"组织抑或设计"（Organization or Design）、"内部物质"（Interior Matters）与"再时性"（Anachronometrics）[1]——为当时深陷形式传统与自然主义辩论之中的哈佛大学建筑系[2]提出

1　这一系列论坛、讲座与辩论内容，已由 *a+t* 杂志出版：
　　https://aplust.net/tienda/revistas/Serie%20SOLID%20Harvard%20GSD/
2　哈佛大学建筑系关于形式传统与自然主义的辩论，可参考 2009 年的哈佛建筑论坛
　　"自然的回归"：http://environment.harvard.edu/events/calendar/2009-11-17/harvard-symposia-architecture-1-return-nature

了新的观点：纯粹的形式主义与自然主义其实不过是实证主义在当代建筑话语中的两面；若要摆脱这些陈词滥调与定势思维，我们必须挖掘学科历史中既熟悉又陌生的观点来进行知识体系的重构——关注技法而非结果，重视内部关系而非外部现象，强调物质文化而非视觉效果，相信历史的连续性而非盲目追求新奇。阿巴罗斯强调，只有打破了正统现代主义为当代学科带来的知识枷锁与认识桎梏，才有可能重新认识自身与时代的历史联系，塑造新的主体认识与建筑文化。这正是主题所引用的卡尔·马克思的原话所表达的观点："一切坚不可摧的东西都烟消云散了，一切神圣的东西都被亵渎了，人们终须冷静看待自己生活的处境与彼此的关系了。"[3]

在这样的语境下阅读《美好生活》一书，我们会发现阿巴罗斯的思想体系早已在二十年前写作此书时初现雏形。然而，《美好生活》有别于一般严肃的学术写作，而是一场自在的建筑漫游——通过游访七幢现代主义住宅，阿巴罗斯借由一系列建成与未建成的案例，为我们呈现了不同的设计手法与随之带来的公共空间与都市形态，进而剖析了超人哲学、存在主义、实证主义、现象学、弗洛伊德-马克思主义、结构主义与实用主义等哲学思想背后各异的主体意识与时间观念。如果说建筑是主体意识在空间中的投射，城市与公共空间无疑是这种投射在时间维度上的延伸。因此，《美好生活》对空间与哲学关系的论述，其实反映了对历史的思考，并呈现出一种以历史为材料的物质观念。

---

3 Marx, Karl, Friedrich Engels, and L. M. Findlay. The Communist Manifesto. Broadview Editions. Peterborough, Ont.: Broadview Press, 2004.

在阅读《美好生活》的过程中，读者们可能会体会到阿巴罗斯组织这些历史材料时的不连续性与松散性。一方面，书中除建筑以外还大量引用了西方哲学、文化与艺术作品，读者在阅读的过程中经常需要在电影、雕塑、绘画、照片、文本与建筑之间来回切换；另一方面，书中试图使用平常而非学术性的语言，论述引用案例之间的关系，以为读者提供适当的线索。这种材料的组织方式以及随之而来的空间关系，暗示了《美好生活》一书本身就是一次建筑的尝试：一者，它有着特定的技法——"导览"，即读者在作者的提示下自由穿梭在文字塑造的空间之中；二者，不同素材在书中的空间顺序构成了一种内部的逻辑秩序；三者，它通过重新组织历史材料为读者提供了一种新的文字物质观念；四者，虽然阿巴罗斯按照自己当时的思考顺序排列书中的章节以形成一种"真实而主观的秩序"，但他的写作仍鼓励读者按照自己的兴趣与偏好来安排阅读的顺序，从而塑造新的时空观念。因此，不同读者的阅读体验将架构出历史在空间、物质与时间上的新秩序。而这种建筑观念的塑造本身亦是主体观念的塑造。

考虑到本书字里行间独特的空间品质，译者在翻译的过程中无时不面对着把握文字准确性与平衡阅读氛围的考量。因为只有同时把握住文字自身以及文字之间关系的意义，才能使读者更好地理解作者的意图，从而展开自己的主观想象。在翻译的过程中，译者时常会回想起那些在洛布图书馆午后阅读的美好时光——阳光、空气、地毯的颜色与书桌的质感、泛着温暖黄光的混凝土柱、学生翻书与交谈的声音——这一切都融入译者对这本书最初的阅读印象，成为一幅精美的图景。这种"技术式情感"（technical emotions）正是阿历杭德罗·德·拉·索塔（Alejandro de la

Sota）与萨恩兹·德·奥伊萨（Sáenz de Oíza）两位教授在阿巴罗斯求学于马德里理工大学期间时常强调的。德·拉·索塔的名言"建筑师应尽可能地进行'无'的创造"（Architects should make as much nothing as possible）[4]，提示了建筑超越形式、关注效能（包括技术、感官、哲学等）的任务。建筑精准性不仅在于物质，亦在于非物质之中；而对非物质的关注亦可反过来帮助我们思考物质本体的意义。

因此，译者在保证用词准确的基础上，着重关注语句的流畅度与节奏感，以帮助读者更好地"游访"其中；对于文中大量出现的西方人名、作品名与专有名词，译者在翻译的基础上并未在文中做额外的解释，而是在译本的最末附上专有名词表，以保持原书的叙事节奏与内容，同时为读者进一步根据自身兴趣展开研究与阅读提供索引与参照。同时，翻译的语言尽量保持原文平白、轻松的语调，以渲染阿巴罗斯希望传达的"游访"氛围：非专业的读者得以畅游其中，而专业读者亦可在"去专业化"的语境中组织起新的学科认识。诚然，本书的翻译必有不尽人意之处，其不足必须归因于译者能力的缺陷；译者在此诚恳致歉并请读者指正。同时，译者必须感谢阿巴罗斯教授的一路指点、"光明城"的秦蕾老师与杨碧琼编辑的慷慨努力、哈佛大学郭博雅博士的认真讨论与校对、国内外挚友们的帮助与鼓励，以及家人一如既往的支持。本书的翻译出版实在是众人努力的成果。

4　Johnston, Pamela., and Alejandro De La Sota. Alejandro De La Sota : The Architecture of Imperfection. Exemplary Projects ; 2. London: Architectural Association, 1997.

中国的翻译研究，一直以语言研究为主，而过去十余年间则开始关注翻译的文化意义。新的翻译观念打破了传统意义上的语言转换的透明性。汉语译本与外国文学之间的转换过程、其背后反映的中国历史语境，以及翻译作为形塑中国文化主体身份的手段，成为新的关注点。在这种历史环境下，翻译者亦担负着文化主体建筑师的责任——这一点，与《美好生活》关于主体观念与物质文化之间的关系的论述不谋而合。

西方建筑著作在当代中国的翻译工作，则由建国初期出于技术需要对工具类、技术类书籍进行翻译，转向改革开放后（特别是80年代"文化热""哲学热"的影响下）积极引进西方建筑理论著作。进入21世纪以来，越来越多的西方建筑理论书籍随着中国与世界的交流进入中国，但中国建筑界对待西方译作仍存在一种"使用主义"的眼光：建筑师往往把建筑理论当作一种匡正设计的便利工具，而对建筑设计本身的批判性则鲜有讨论。在当代中国建筑论述尚未成体系的情况下，愈来愈多的年轻中国建筑师在求学与实践中接触到西方的建筑理论，使片面挪用理论、过分论述实践的现象愈发极端。这背后既是实践之余的"理论焦虑"使然，亦反映了我们亟须在当代中国的语境下重新展开对设计与理论、实践与论述之间有机关系的讨论。

作为一位长期同时任教于北美与欧洲建筑院校的建筑师，阿巴罗斯对"实践—论述"的复杂矛盾有着根本的体会。他曾在哈佛大学一次公开讲座中评论道："当我还是个年轻建筑师时，我留意到当时美国的建筑师有着出众的理论而缺乏与之匹配的建筑作品，而欧洲的同僚建造了一系列出色的建筑却缺少相应的论述。这使我联想到1920年代欧洲建筑师纷纷来到美国学习建筑的实用主义之美与建造工艺，而美国则受益于欧洲建筑界对他们的论述支持与赞誉。我希望我们这代建筑师能够在实践与论述的关系上有新的突破。"[5]《美好生活》正是对建筑的"实践"与"论述"两者的一次积极思考：我们应如何理解百花齐放的现代主义实践背后的理论精神，而不同的认识观念又是如何影响人们构造出不同的生活形态的。

回溯中国的传统建筑实践，无论是合院形制与儒家"家国天下"的空间政治，还是造园理念与道家"自然""善水"的生活观念，空间形态与主体意识之间的有机关联一直是中国建筑的内在命题。这部译作不应该仅是原作在中国的一次再版，而应该是通过原作重新唤醒中国文化意识在当代的投射。译者企盼通过这部译作为建筑论述与设计实践在当代中国建筑学科内部的必然联系提供参考，而作为青年建筑师，译者亦感受到了实践与论述的双重责任。我们终要探寻的或正如尼采所言，是"追寻知识的建筑"（Architecture for the Search for Knowledge）[6]。

苏畅

2018年夏于美国洛杉矶

5　阿巴罗斯为爱尔兰建筑师希拉 · 奥唐奈（Sheila O' Donnell）和约翰 · 图米（John Tuomey）在哈佛大学建筑系的公开讲座作的开场致辞。

6　Nietzsche、Williams、Nauckhoff、Del Caro、Williams、Bernard. and Nauckhoff. Josefine. The Gay Science: With a Prelude in German Rhymes and an Appendix of Songs. Cambridge Texts in the History of Philosophy. Cambridge: Cambridge University Press. 2001.

图片版权

图书在版编目（ＣＩＰ）数据

美好生活：现代住宅导览 /（西）伊纳吉·阿巴罗
斯著；苏畅译. -- 上海：同济大学出版社，2019.6
  ISBN 978-7-5608-8536-0

  Ⅰ.①美… Ⅱ.①伊… ②苏… Ⅲ.①住宅－建筑设
计－研究 Ⅳ.①TU241

  中国版本图书馆CIP数据核字(2019)第080725号

出　版　人：华春荣
策　　　划：秦蕾/群岛工作室
责任编辑：杨碧琼
责任校对：徐春莲
装帧设计：付超
版　　　次：2019年6月第1版
印　　　次：2019年6月第1次印刷
印　　　刷：天津图文方嘉印刷有限公司
开　　　本：889mm × 1194mm 1/32
印　　　张：7.25
字　　　数：195 000
书　　　号：ISBN 978-7-5608-8536-0
定　　　价：88.00 元
出版发行：同济大学出版社
地　　　址：上海市四平路1239号
邮政编码：200092
网　　　址：http://www.tongjipress.com.cn
"光明城"联系方式：info@luminocity.cn

本书由"北京未来城市设计高精尖创新中心——
城市设计理论方法体系研究"资助，
项目编号UDC2016010100

luminocity.cn

光 明 城

LUMINOCITY

"光明城"是同济大学出
版社城市、建筑、设计专
业出版品牌，由群岛工作
室负责策划及出版，致力
以更新的出版理念、更敏
锐的视角、更积极的态度，
回应今天中国城市、建筑
与设计领域的问题。